Meiner lieben Frau Alexandra,
unseren beiden Söhnen Samuel und Josua
sowie allen Spielkindern dieser Welt

»Ein Kind ist sichtbar gewordene Liebe.«
Novalis

Markolf H. Niemz

Lucy im Licht

Dem Jenseits auf der Spur

Markolf H. Niemz

Lucy im Licht

Dem Jenseits auf der Spur

DROEMER

Quellennachweis
S. 76, 77, 80, 84f., 85, 87f., 98f., 99f., 126, 136f., 147, 150f. aus: Kenneth Ring und Evelyn Elsaesser-Valarino: Im Angesicht des Lichts, erschienen bei Ariston 1999, im Heinrich Hugendubel Verlag Kreuzlingen/München
S. 76, 78, 82f., 128 aus: Zum Licht. Was wir von Kindern lernen können, die dem Tod nahe waren, Copyright © 1990 by Dr. med. Melvin L. Morse & Paul Perry. Copyright © 1992 für die deutsche Übersetzung by www.Zweitausendeins.de
S. 79, 80, 82, 127 aus: Günter Ewald: Nahtoderfahrungen. Hinweise auf ein Leben nach dem Tod? (Topos Plus 591) © Matthias-Grünewald-Verlag der Schwabenverlag AG, Ostfildern 2007
S. 105-108 aus: Dalai Lama: Die Welt in einem einzigen Atom, S. 163 ff., © 2005 by the Dalai Lama und © 2005 Theseus Verlag GmbH, Berlin
S. 89 aus: Maharaj: Yoga als universelle Wissenschaft, © Yoga Vidya e.V., www.yoga-vidya.de
S. 127f., 132f., 161f. aus: Raymond A. Moody: Leben nach dem Tod, deutsche Übersetzung von Hermann Gieselbusch, Lieselotte Mietzner, Copyright © 1977 by Rowohlt Verlag GmbH, Reinbek bei Hamburg

Die Folie des Schutzumschlags sowie die Einschweißfolie sind
PE-Folien und biologisch abbaubar.
Dieses Buch wurde auf chlor- und säurefreiem Papier gedruckt.

Besuchen Sie uns im Internet:
www.droemer.de
www.Lucy-im-Licht.de

Inhaltsverzeichnis

Warum schreibe ich als Physiker so ein Buch?

Weil ich die Welt, in der wir leben, nicht mit Naturwissenschaft allein erklären kann! So einfach ist das. Für die zweite Frage muss ich etwas weiter ausholen: Wem habe ich diese Erkenntnis zu verdanken?

Ohne unsere Eltern wären wir nicht hier.
Jeder von uns hat seine eigenen Wurzeln. Die Neugier am Leben haben mir meine lieben Eltern vererbt. Kurz bevor ich dieses Buch vollendet habe, seid ihr beide nur wenige Wochen nacheinander in genau jenes Licht eingetaucht, das Lucy in diesem Buch beschreibt. Unfassbar, dass ihr so schnell schon wieder zusammen sein dürft! Das größte Geschenk auf Erden – unser Leben: Es wird uns gegeben, und es wird uns wieder genommen. Als wir meinem Vater am Grab die allerletzte Ehre erwiesen, brach bei der Liedstrophe »Lass warm und hell die Kerzen heute flammen« (Dietrich Bonhoeffer) plötzlich der dunkle Himmel auf und tauchte die Trauergemeinde in ein warmes Sonnenlicht. Als meine Mutter ihm in das Grab nachfolgte, begannen beim Singen von »Geh aus, mein Herz, und suche Freud« (Paul Gerhardt) plötzlich die Vögel im Baumwipfel über dem Doppelgrab zu zwitschern. Naturwissenschaftlich habe ich für beide Vorfälle keine Erklärung. Danke, dass ich euch als Eltern haben durfte. Ihr seid meine Vergangenheit.

Freunde sind kostbar.
Wie unschätzbar wertvoll es ist, leben zu dürfen und dieses Leben mit Freunden teilen zu dürfen – das alles wird oft erst dann offenbar, wenn geliebte Menschen eines Tages gehen. Gute Freunde, die in schweren Zeiten Trost und Halt geben können, zählen mehr als aller Reichtum dieser Welt.

Kollegen prägen.
Mein Stellvertreter in unserem Institut für Biomedizinische Messtechnik an der Universität Heidelberg/Hochschule Mannheim, Herr Dr. Phuc Nguyen, ist ein praktizierender Buddhist. Für eine deutsche Hochschule eine sehr ungewöhnliche, aber äußerst fruchtbare Situation. Sie verschafft mir interessante Einblicke in fernöstliche Glau-

bensrichtungen, Lebensweisheiten und Denkweisen. Mit Herrn Prof. Dr. Dr. h. c. Werner Martienssen vom Physikalischen Institut an der Universität Frankfurt habe ich zahlreiche Themen aus diesem Buch diskutiert. Geschätzte Anregungen und Geistesblitze durfte ich hierbei erfahren.

Bücher inspirieren.
Tiziano Terzani und seinem Sohn Folco gelingt es in ihrem lesenswerten Buch *Das Ende ist mein Anfang,* Leben und Tod als eine Einheit zu begreifen. Evelyn Elsaesser-Valarino greift in *Engelchens Land,* einem einfühlsamen Roman über das Leben und Sterben, authentische Nahtoderfahrungen auf und verarbeitet diese. Beide Werke schenkten mir viele tiefgründige Gedanken zum Thema *Leben nach dem Tod.*

Vorbilder sind wichtig.
Dem Theologen, Widerstandskämpfer und Verfasser wunderschöner Texte, Dietrich Bonhoeffer, gedenke ich.

Wir alle brauchen eine Heimat.
Lieber Josua und lieber Samuel, wie schätze ich euer neugieriges Fragen, Spielen und Krabbeln! Ihr seid mein kleiner Sonnenschein: meine Zukunft. Zusammen verkörpert ihr für mich das eine zentrale Element im Leben, das Lucy mit *Wissen* bezeichnet. Dir, liebste Alexandra, verdanke ich unser gemeinsames, erfülltes Leben! Du bist mein großer Sonnenschein: meine Gegenwart. Du verkörperst für mich das andere zentrale Element im Leben – wohl das Wichtigste überhaupt –, das Lucy mit *Liebe* bezeichnet.

Vergangenheit, Gegenwart, Zukunft.
Allen genannten Personen sei hiermit herzlich gedankt! Ich freue mich mit euch und für euch. Denn Lucy berichtet von einer Welt, in der wir alle ewig leben,
weil es dort keine Zeit mehr gib   Aber noch leben wir **mit Zeit.**

Die Wette

Ihre Einsätze, bitte

Das Vorspiel

Unser Sohn Josua ist fast vier Jahre alt. Heute – es ist ein sonniger Sommertag – ist er nur leicht bekleidet. Mit einem weißen T-Shirt und einer kurzen Hose. Josua liebt es, ausgiebig zu schaukeln. Als er auf dem Spielplatz eine kleine Schaukel entdeckt, ist er sofort begeistert und stürzt darauf zu. Aber das Schaukelbrett ist schwarz und absorbiert das Sonnenlicht wie ein schwarzes Loch. »Aua«, schreit Josua denn auch gleich und zeigt auf die Unterseite seiner beiden Oberschenkel. »Heiß, heiß, heiß. Die Sonne hat die Schaukel heiß gemacht!«

Warum stelle ich diese doch sehr persönliche Kurzgeschichte an den Anfang eines solchen Buches über so tiefsinnige Themen wie den Ursprung von Raum und Zeit oder die Existenz einer unsterblichen Seele? Weil sie uns einerseits schön zeigt, was Wissenschaft ist, nämlich aufgrund von Beobachtungen neugierig die Welt entdecken. Und weil sie andererseits beweist, dass dieses Entdecken spielerisch vollzogen werden kann, wie beim Schaukeln unseres Sohnes. Spielen bewirkt bereits im frühen Kindesalter einen indirekten, aber für das Denken wichtigen Reifeprozess. Wir Erwachsene können noch viel von unseren Kindern lernen; denn im Grunde ist alles Leben – wie wir gegen Ende dieses Buches erkennen werden – selbst ein höchst schöpferisches Spiel. Kinder begreifen auf ihre eigene spielerische Weise noch ganz intuitiv, was sie gerade spüren, sehen oder hören; also beispielsweise auch, was Geräusche sind. Wir Erwachsene bemühen dafür allzu oft unseren Verstand. Hierzu ein weiteres Bonbon unseres Sohnes.

Im Alter von zwölf Monaten lässt Josua zufällig einen blauen *Legostein auf das Holzparkett in unserem Esszimmer fallen. Er vernimmt ein dumpfes Geräusch. Neugierig wiederholt er sein »Experiment«. Wieder klackert der Legostein auf das Parkett. Daraufhin lässt Josua seinen Legostein noch viele weitere Male auf den Holzboden plumpsen. Seine Augen strahlen mich an und sagen mir eindeutig: »Papa, ich freue mich!« Denn nun kann Josua das Geräusch auch dem zuordnen, was er mit seinen forschen Augen beobachtet. Anschließend wendet sich Josua dem* bunten *Teppich zu, der sich im Wohnzimmer befindet.*

Ich bin gespannt, was er jetzt wohl im Schilde führt. Josua hebt die Hand, öffnet sie, und sein Legostein landet fast lautlos auf dem weichen Teppichboden. Josua stutzt und wirkt etwas irritiert. Er vermisst das ihm vom Parkett her vertraute Geräusch. Wohl deshalb lässt er seinen Legostein nun mehrfach abwechselnd auf das Holzparkett und den Teppich fallen – bis sein Gesicht wieder strahlt, weil er jetzt den Grund für die verschiedenen Geräusche spielerisch für sich entdeckt hat. Die Sache ist klar! Schnell krabbelt Josua in die Küche. Dort warten bereits harte Steinfliesen auf seinen Legostein. Ich ahne schon, was gleich passieren wird. Tatsächlich: Ein ganz hohes und schepperndes Geräusch erklingt. Wesentlich heller als das dumpfe Klackern auf dem Holzparkett oder das zarte Blupp auf dem Teppichboden. Josua ist sichtbar begeistert. Ich auch: Ein neuer Wissenschaftler ist geboren. Noch einige hundert Mal räuschelt es in unserem Haus an diesem Morgen. Der Vormittag ist gerettet!

Naturgemäß gehören Geräusche und auch Klänge zu unseren ersten wichtigen Sinneserfahrungen, denn die Hörorgane entwickeln sich bereits ab dem vierten Monat im Mutterleib, wogegen sich unser Sehvermögen erst nach der Entbindung durch die visuelle Wahrnehmung voll entfalten kann. Dann aber avancieren die Augen – der sogenannte *Gesichtssinn* – für die meisten Menschen zum allerwichtigsten Wahrnehmungsorgan, überholen also irgendwann auch die Bedeutung der Ohren. Davon können Sie sich übrigens ganz leicht überzeugen, wenn Sie sich selbst die Frage stellen: »Auf welchen Sinn kann ich am ehesten verzichten: das Sehen, das Hören, das Tasten, das Schmecken oder das Riechen?« Stellen Sie sich hierbei verschiedene Situationen in Ihrem persönlichen Tagesablauf vor. Viele Menschen sind bereit, am ehesten den Geruchssinn oder den Geschmackssinn zu entbehren. Dagegen wird das Sehen – meist spontan – als die allerwichtigste Wahrnehmung eingestuft. Auch Josua ließ uns Eltern an dieser typischen Entwicklung teilhaben, dass nämlich sein Interesse für Klänge allmählich seiner Neugier für Farben wich. Das Licht des Regenbogens hat es ihm dabei ganz besonders angetan.

Heute ist ein verregneter Frühlingstag. Nur ab und zu blinzelt das Sonnenlicht durch. Unser Josua äußert sich sehr mitfühlend und besorgt:

»Geht's der Sonne heute nicht so gut?« Doch plötzlich rennt er ganz
aufgeregt zum Fenster und zeigt auf einen rot-orange-gelb-grün-tür-
kis-blau-violetten Bogen am Himmel. Meinen pädagogisch fragwürdigen (weil kopflastigen) Erklärungsversuch – Regenbogen entsteht bei
Sonne und gleichzeitigem Regen – kommentiert er mit seinen Worten:
»Schau mal, ein Regenwurm!« Danach springt er gleich zu seinem großen Kasten mit den vielen Farbstiften und versucht, seinen soeben ent-
deckten »Regenwurm« auf weißes Papier zu bannen. Ganz sorgfältig
unterscheidet er sogar zwischen hellblau und **dunkelblau** oder auch
zwischen »hell-grihn« und »**dunkel-grihn**«. Als er aber den **schwarzen** Stift mit seinen kleinen Fingerchen zu greifen bekommt, hält er inne
und fragt mich in seiner unschuldigen Kindersprache: »Papa, gibt es
auch hellschwarz?« Als ich ihm daraufhin einen grauen Bleistift reiche, erstrahlt unser Wohnzimmer, weil Josuas Gesicht zu leuchten beginnt wie die Frühlingssonne. Ich dagegen sinniere – mal wieder mit
dem Verstand eines Erwachsenen – über die Semantik von Grau und
Hellschwarz. Und ich wundere mich, warum es für manche Hellfarben
eine eigene Bezeichnung gibt, für andere dagegen nicht.

Was ist eigentlich eine Wahrnehmung? Was passiert mit uns, wenn wir
etwas wahrnehmen? Offensichtlich brauchen wir dazu ein Sinnesor-
gan: Die Augen für das Sehen, die Ohren für das Hören, die Haut für
das Tasten, die Zunge für das Schmecken oder die Nase für das Riechen. Innere Eingebung oder Intuition wird manchmal auch als *sechs-
ter Sinn* bezeichnet, wobei wir diesem kein konkretes Wahrnehmungsorgan zuordnen können, bestenfalls unser Gehirn. Nun bedeutet Wahrnehmen doch im Grunde, etwas mit unseren Sinnen in Erfahrung zu
bringen. Wahrnehmen ist also ein zeitlicher Vorgang: Denn erst *nach*
der Wahrnehmung wissen wir etwas, was wir *vorher* nicht wussten.
Zeit ist demnach die notwendige, strukturelle Voraussetzung dafür,
dass wir überhaupt etwas wahrnehmen oder in Erfahrung bringen können. Oder anders formuliert: Gäbe es keine Zeit, wären weder Wahrnehmungen noch Erfahrungen möglich. Wir wüssten dann entweder
nichts oder bereits alles, könnten aber nichts dazulernen. Wir brauchen
also Zeit, um überhaupt erst Wissen erwerben zu können, so wie wir
die Luft zum Atmen benötigen. Allerdings erfüllt Zeit auch noch eine
ganz andere wichtige Aufgabe für uns: Sie ermöglicht uns eine Ord-

nung (beispielsweise von Wahrnehmungen oder Erfahrungen), so wie andererseits auch Raum uns eine bestimmte Ordnung erlaubt (beispielsweise von Objekten).

Kleine Kinder haben noch ein ganz besonderes Verhältnis zum Thema *Ordnung und Zahlen*. Es entwickelt sich jedoch oft erst im vierten oder fünften Lebensjahr, also deutlich später als ihr Interesse für Klänge oder Farben. Während sich die Sinneseindrücke der Ohren und Augen noch relativ gut konkretisieren lassen – die Zitrone ist gelb –, erfordert das abstrakte Zählen bereits einen noch höheren Vernetzungsgrad im Gehirn des Kindes. Das Verständnis von Zahlen ist aber eine wichtige Voraussetzung für jede Art von Messung, also auch für die Vermessung von Raum und Zeit, womit wir uns in diesem Buch sehr gründlich beschäftigen werden. Wir bedienen uns nämlich der Zahlen, wenn wir etwas – beispielsweise die Längenangabe auf einem Lineal oder die Zeitangabe auf einer Uhr – in eine wohldefinierte Ordnung bringen wollen. Unser Wohnzimmer versinkt dagegen abends regelmäßig in kunterbunt schillernder Unordnung. Josua scheint sich an diesem fast schon chronischen Chaos aber kaum zu stören. Ja, er fühlt sich sogar pudelwohl darin und reagiert sehr empört, wenn sich sein Lieblingskinderbuch in unserem Bücherregal befindet und nicht in seiner Spielzeuggerümpelhalde auf dem Couchtisch. Umso mehr erstaunt er uns täglich aufs Neue mit seinem Gespür für Zahlen, was die folgende Anekdote eindrucksvoll belegt.

Josua ist ein kleiner Zahlenfreak. Nichts begeistert ihn zur Zeit so sehr wie das Zählen. Uhren, Hausnummern, Autoschilder. Alle Zahlen, die in sein Blickfeld geraten, werden gezählt. Die Uhr in unserem Esszimmer erzielt dabei seine ganz besondere Aufmerksamkeit. Leider hängt sie oben an der Wand, unerreichbar für den Dreikäsehoch. Zusammen mit seiner Mama hat er deshalb eine bunte Lernuhr aus Pappe gebastelt. Zwei grüne Zeiger lassen sich über ein Ziffernblatt bewegen, das aus zwölf Deckeln von Babykostgläschen besteht. Die Innenseiten dieser Deckel zeigen die Zahlen von eins bis zwölf. Jeden Tag lässt Josua den großen und den kleinen Zeiger mehrfach über das Ziffernblatt wandern. Aber schließlich stellt er sie immer so ein wie die Wanduhr in unserem Esszimmer. Auch heute, am Ostersonntag, zeigt Josuas Pappuhr kurz vor dem Frühstück wieder einmal die korrekte Uhrzeit an. Josua steht stolz davor und freut sich ganz offensichtlich für den großen und den kleinen Zeiger: »*Der große Zeiger steht schon auf der Zwölf. Und der kleine auf der Neun. Zeit zum Frühstücken!*« *Es ist wirklich erstaunlich, welche Faszination Zeit bereits auf ein Kind ausüben kann. Uhrzeiten strukturieren seinen Tagesablauf und geben ihm Sicherheit, weil es dann nämlich weiß, wann wir am Sonntag frühstücken oder wann am Abend der Sandmann im Fernsehen kommt. Während ich noch darüber nachdenke, hat sich Josua bereits davongeschlichen. Wo steckt er bloß? Er hat gerade im Garten ein buntes Osterei entdeckt, und es ist nicht zu übersehen: Josua ist ganz aus dem Häuschen. Begeistert hüpft er von Strauch zu Strauch, um weitere versteckte Eier zu suchen. Kaum ist das Körbchen voll, fängt er auch schon stolz an, seine Eier laut zu zählen.*

»*Eins, zwei, drei, vier, fünf, sechs, sieben, acht, neun, zehn, elf, zwölf, **ein Uhr**, dreizehn, vierzehn!*« *Josua hat seine Zahlenreihe an der Uhr erlernt und überträgt diese nun auf eine andere Messung, nämlich auf die Zählung von Ostereiern. Was uns Erwachsenen so selbstverständlich erscheint, ist im Grunde eine meisterhafte Transferleistung unseres Gehirns. Wie schön, dass es heute zum Frühstück Ostereier gibt.*

Sicher habe ich es meiner dreijährigen Elternzeit zu verdanken, dass ich viele dieser teils sehr amüsanten Entdeckungsreisen unseres Sohnes *live* miterleben durfte. Ohne solche wertvollen Erfahrungen hätte ich niemals das Buch schreiben können, welches Sie jetzt in Ihren Händen halten. Ein Buch, in dem auch wir auf Entdeckungsreise gehen wollen. Kinder können dabei unsere besten Reiseführer sein. Schließlich verraten uns bereits die ersten Jahre der Kindheit sehr viel in Bezug auf die zwei wohl spannendsten Fragen der Menschheit: »Woher kommen wir?« und »Wohin gehen wir?«

- Das Neugeborene sucht ganz instinktiv zuerst die Brust der Mutter. Aber es trinkt nicht nur, weil es Durst hat. Sondern es will mehr: nämlich Zuneigung suchen und dabei *Liebe* erfahren.

- Das Baby geht bereits im ersten Lebensjahr auf Entdeckungsreise. Aber es krabbelt nicht nur, weil es Bewegungsdrang verspürt. Sondern es will mehr: nämlich die Welt entdecken und dabei *Wissen* erwerben.

Liebe und Wissen sind demnach zwei äußerst wichtige Elemente, nach denen wir schon seit unserer frühesten Kindheit streben. Wahrscheinlich ist dieses Streben sogar bereits in uns angelegt, wenn wir geboren werden. Daher liegt es auch sehr nahe, Liebe und Wissen als zwei ganz zentrale Ziele aufzufassen, die weit über das irdische Leben hinaus Bestand haben. Zu genau demselben Ergebnis kommen übrigens auch Millionen (!) von Menschen, die dem Tod schon einmal sehr nahe waren, also eine sogenannte *Nahtoderfahrung* gemacht haben. Ich bin mir bewusst, dass dieses Stichwort bei vielen Leserinnen und Lesern eher Skepsis hervorrufen wird. Dennoch: Ich appelliere an Ihre Neugier und Ihre aufgeschlossene Grundhaltung, sich frei von Vorurteilen auf eine Diskussion mit offenem Ausgang einzulassen. Ich möchte Sie davon überzeugen, dass Nahtoderfahrene uns etwas zu sagen haben, und werde solchen Menschen deshalb an passender Stelle das Wort erteilen. Hier schließt sich dann auch der Kreis zur anfangs zitierten Entdeckung von Josua, warum das Schaukelbrett heiß geworden ist. Wir wollen versuchen, ebenso sachlich und wissenschaftlich – und unvoreingenommen! – an das höchst spannende Thema *Leben nach dem Tod* heranzugehen; ein Thema, das in unserer Gesellschaft oft noch tabu ist, jedoch endlich versachlicht werden muss.

Doch jetzt wollen wir uns Lucy – unserer kleinen Reiseführerin – anvertrauen. Lucy ist ein wissensdurstiges Mädchen, das viele intelligente Fragen stellt und als Kind nicht lockerlassen kann, bis es am Ziel ist. Lucy ist ein Allerweltsname, der sich von dem lateinischen Wort *lux* (auf Deutsch: das Licht) ableitet. Will heißen: Jeder von uns könnte diese Lucy sein, an die ich gleich das Wort übergeben möchte. Dass auch schon die Beatles eine Lucy besungen haben, ehrt uns sehr, doch bis auf den erleuchteten Namen gibt es keine Gemeinsamkeiten. Halt, ein klitzekleines Geheimnis möchte ich Ihnen noch verraten: Lucy ist immer gut für Überraschungen und hat den einen oder anderen Knaller für Sie parat. Seien Sie also stets auf der Hut! Denn ich bin mir sicher, dass auch Sie ins Staunen kommen, wenn unsere pfiffige Lucy ihre neuartigen Denkansätze offenbart. Aber nun genug der Vorrede. Lucy, dein Auftritt beginnt!

Ein wunderschönes, …

… dich inspirierendes Leseerlebnis wünsche ich dir mit diesem Buch! Bitte störe dich nicht an meinem »du«, sondern antworte mir ganz ehrlich: Wenn es wirklich so etwas wie ein Jenseits gibt – worüber wir gemeinsam philosophieren wollen –, glaubst du dann ernsthaft, dass wir beide uns dort gegenseitig »siezen«?

Darf ich mich kurz vorstellen? Ich bin die Lucy, eine junge Wissenschaftlerin mit einer neugierigen Nase, die dich gleich auf einer erlebnisreichen Reise zum Ursprung von Raum und Zeit begleiten möchte. Dabei werden wir viele unterschiedliche Wissensgebiete und Kulturen passieren, um schließlich etwas mehr über unser Dasein, die Seele und die Schöpfung zu erfahren.

Bitte hier weiterlesen, falls du bereits mein Buch *Lucy mit c* gelesen hast:

Ich freue mich wirklich sehr, dass wir beide uns heute wieder begegnen. Und eines darf ich dir schon jetzt verraten: Es wird in diesem Buch mindestens so spannend weitergehen wie bisher. Um dir den Einstieg zu erleichtern, werden wir gleich die wesentlichen Grundaussagen von *Lucy mit c* kurz zusammenstellen. Bedenken brauchst du aber nicht zu haben: Es wird keine trockene Wiederholung sein, sondern eine saftige Vertiefung von unseren Begriffen und Schlussfolgerungen – üppig garniert mit einer Reihe neuer und interessanter Aspekte zu den Strukturen von Raum und Zeit.

Bitte hier weiterlesen, falls wir uns bisher noch nicht kennengelernt haben:

Ich freue mich wirklich sehr, dass ich dich heute als neue Leserin oder neuen Leser begrüßen darf. Für mich ist es übrigens nicht mein Jungfernflug durch unser Universum. Schon einmal bin ich durch das Weltall gereist und habe diese Tour in meinem ersten Buch *Lucy mit c* dokumentiert. Dessen Inhalte werde ich aber hier nicht voraussetzen, sondern ich werde dich noch in diesem Kapitel mit den wesentlichen Grundaussagen meines ersten Buches vertraut machen. Wenn es mir gelingt, deine Neugier zu wecken, stellt mein Buch *Lucy mit c* natürlich immer noch eine sinnvolle Vertiefung dar.

Worum geht es in diesem Buch? Auf eine ungewöhnliche, aber sehr verblüffende Weise möchte ich dir demonstrieren, wie sich viele religiöse Vorstellungen vom Jenseits auch naturwissenschaftlich fundieren lassen. Ja, es gibt sogar wesentlich mehr Übereinstimmungen zwischen der Theologie und der modernen Physik, als es zunächst den Anschein hat. Aus einer solchen Perspektive betrachtet, erscheint die Frage, ob überhaupt so etwas wie ein Jenseits existiert, in einem völlig neuen Licht und lässt eine bejahende Antwort meines Erachtens äußerst glaubwürdig erscheinen.

Der Ausgangspunkt aller unserer Überlegungen ist meine Hypothese, dass wir mit einer Seele ausgestattet sind, die auf Lichtgeschwindigkeit beschleunigt wird, wenn wir sterben. Beweisen im naturwissenschaftlichen Sinne können wir diese Hypothese nicht, denn sie enthält eine spekulative Größe, die sich der rationalen Betrachtungsweise der Naturwissenschaften entzieht: die Seele. Wir wollen meine Hypothese deshalb als eine Art *Axiom* betrachten, welches wir voraussetzen, um daraus – dann allerdings streng wissenschaftlich – Schlussfolgerungen zu ziehen. Ein Axiom ist eine Grundannahme, die nicht mehr aus anderen Erkenntnissen abgeleitet werden kann, sondern ganz am Anfang einer Kette von mehreren »Wenn ..., dann ...«-Schlüssen steht.

Grundsätzlich gibt es in der Wissenschaftstheorie verschiedene Möglichkeiten, neue Erkenntnisse zu gewinnen. Die experimentellen Naturwissenschaften gehen dabei *empirisch* vor, das heißt Experiment und Beobachtung stehen im Vordergrund. Andere Wissenschaften, wie die Mathematik oder Teilgebiete der Philosophie, zeichnen sich durch einen *axiomatischen* Ansatz aus. Wissenschaftstheoretisch haben Axiome durchaus ihre Berechtigung, wenn sie ein Fundament bilden, auf dem sich widerspruchsfreie Theorien aufbauen lassen. Die gesamte Mathematik beruht im Grunde auf Axiomen. So lässt sich beispielsweise die Aussage »jede natürliche Zahl (gemeint sind die Zahlen 1, 2, 3, ...) hat genau einen Nachfolger« nicht beweisen, bildet aber in der Tat die Grundlage für die Zahlentheorie. Auch die theoretische Physik basiert auf Axiomen, die dort allerdings als *Naturgesetze* deklariert werden. Das erste Newtonsche Axiom ist das sogenannte *Trägheitsgesetz.* Es besagt, dass ein Körper in Ruhe verharrt oder sich mit konstanter Geschwindigkeit bewegt, wenn keine äußeren Kräfte auf ihn einwirken. Tatsächlich baut die ganze klassische Mechanik auf diesem Axiom auf. Kein Experiment hat es je widerlegt.

Axiome sind folglich ein ganz legitimes Hilfsmittel, wenn es darum geht, neues Wissen zu erwerben. Kehren wir aber nun zurück zu meiner Hypothese, die ich – keinesfalls hochmütig, sondern nur der Klarheit halber – als *Lucys Axiom* bezeichnen möchte. Vollständig lautet es:

Lucys Axiom
Mit dem körperlichen Tod wird unsere Seele
(unser geistiges Ich, unser Bewusstsein)
auf Lichtgeschwindigkeit beschleunigt,
damit sie ins Jenseits übergehen kann.

So, und jetzt wird es gleich richtig spannend; denn ausgehend von diesem Axiom ergeben sich drei besonders bemerkenswerte Schlussfolgerungen.

Schlussfolgerung Nr. 1
Wenn wir sterben, fliegt unsere Seele durch einen dunklen Tunnel und steuert auf einen Lichtpunkt zu, welcher immer größer und heller wird, bis die Seele ganz in das Licht eintaucht. Sehr viele Menschen schildern ein solches Szenario im Zusammenhang mit einer Nahtoderfahrung: Sie seien mit riesiger Geschwindigkeit durch einen **schwarzen** Tunnel gerauscht, an dessen Ende ein kleines Licht immer größer und heller wurde. Solche Grenzerfahrungen können ganz im Einklang mit dem Weltbild der modernen Physik erklärt werden, wenn wir mein Axiom mit einem Effekt aus der speziellen Relativitätstheorie von Albert Einstein kombinieren, dem sogenannten *Searchlight-Effekt* (auf deutsch: Scheinwerfer-Effekt). Der besagt, dass die Lichtstrahlen bei einer fast lichtschnellen Bewegung des Betrachters gebündelt auf ihn eintreffen. Besonders helles Licht strahlt aus der Richtung, in die sich der Betrachter bewegt. Regionen, an denen sich der Betrachter vorbeibewegt oder von denen sich der Betrachter entfernt, verschwinden dagegen in einem dunklen Tunnel. Erklärendes Bildmaterial zu allen relevanten Effekten der speziellen Relativitätstheorie werde ich dir in einem späteren Kapitel präsentieren. Einzige Voraussetzung (und deshalb auch Rechtfertigung für die Bezeichnung *Axiom*), um die Lichtvision vieler Nahtoderlebnisse mit dem Searchlight-Effekt erklären zu können: Die Seele des Betrachters wird auf Lichtgeschwindigkeit beschleunigt.

Schlussfolgerung Nr. 2

Für eine auf Lichtgeschwindigkeit beschleunigte Seele finden alle Ereignisse in unserem Universum zeitlos statt. Die Seele gerät also – theologisch gesprochen – in einen Zustand der Ewigkeit. Auch diese interessante Schlussfolgerung ergibt sich aus meinem Axiom, wenn wir es mit einem zweiten Effekt aus der speziellen Relativitätstheorie von Albert Einstein kombinieren, der sogenannten *Zeitdilatation* (auf Deutsch: Zeitdehnung). Demzufolge misst man für einen bewegten Vorgang eine längere Zeitdauer als eine Person, die sich relativ zum Vorgang in Ruhe befindet. Somit gibt es in der modernen Physik eine ganz reale Geschwindigkeit – nämlich die Lichtgeschwindigkeit –, die eine eindrucksvolle Analogie zum Begriff der Ewigkeit ermöglicht. Warum eindrucksvoll? Weil die Theologie diesen Begriff schon seit Jahrtausenden geprägt hat und sich nun auch eine naturwissenschaftlich fundierte Entsprechung formulieren lässt. Allerdings gilt auch für den Eintritt in die Ewigkeit die gleiche Voraussetzung: Die Seele des Betroffenen wird zuvor auf Lichtgeschwindigkeit beschleunigt.

Schlussfolgerung Nr. 3

Für eine auf Lichtgeschwindigkeit beschleunigte Seele finden alle Ereignisse in unserem Universum distanzlos statt. Die Seele erlangt also – wieder theologisch gesprochen – die Fähigkeit, omnipräsent (allgegenwärtig) zu sein. Sogar diese interessante Schlussfolgerung lässt sich aus meinem Axiom ableiten, wenn wir es mit einem dritten Effekt der speziellen Relativitätstheorie von Albert Einstein kombinieren, der sogenannten *Längenkontraktion* (auf Deutsch: Längenverkürzung). Demzufolge misst man für ein bewegtes Objekt in Bewegungsrichtung eine kürzere Länge als eine Person, die sich relativ zum Objekt in Ruhe befindet. Die Lichtgeschwindigkeit ermöglicht uns also drittens eine eindrucksvolle Analogie zum Begriff der Omnipräsenz. Wieder frage ich dich: Warum eindrucksvoll? Weil die Theologie diesen Begriff schon seit Jahrtausenden geprägt hat und sich nun auch hierfür eine naturwissenschaftlich fundierte Entsprechung formulieren lässt. Errätst du jetzt, worauf ich hinauswill? Auch die Fähigkeit der Omnipräsenz ist an die gleiche Voraussetzung gekoppelt: Die Seele des Betroffenen wird zuvor auf Lichtgeschwindigkeit beschleunigt.

Diese drei Schlussfolgerungen verdeutlichen auf eine wirklich bemerkenswerte Art und Weise, dass tatsächlich nur ein *einziges* Axiom genügt, und schon passen theologische Begriffe (nämlich Ewigkeit und Omnipräsenz), Erkenntnisse der modernen Sterbeforschung (nämlich das Tunnelerlebnis einer Nahtoderfahrung) und Effekte der modernen Physik (nämlich aus der speziellen Relativitätstheorie) zusammen wie bei einem großen Puzzlespiel. Die Inhalte verschiedenster Fachgebiete fügen sich interdisziplinär ineinander wie die unterschiedlichen Puzzleteile ein und desselben Spiels. Aber der Clou ist: Nur zusammen ergeben sie ein vollständiges Bild. Und besonders bestechend ist die Tatsache, dass sich dieses Puzzle lösen lässt mit der schlichten Eleganz eines einzelnen Axioms, also ohne dass wir zusätzliche – stets nur komplizierende – Zusammenhänge bemühen müssen. In meinen Augen kann ein *in sich konsistentes* Weltbild kaum einfacher und deshalb auch kaum glaubwürdiger sein. Gerade die Kompliziertheit vieler anderer Denkmodelle empfinde ich oft als Defizit. Was meinst du?

Wenn wir nun aus den eben genannten Gründen die Wahrheit meines Axioms in Betracht ziehen, dann ist es nur noch ein kleiner Schritt, auch an die Existenz eines Jenseits zu glauben. Denn ich halte es für äußerst unwahrscheinlich, dass eine in vielfacher Hinsicht gut durchdachte Natur eine Beschleunigung der Seele zulassen würde, wenn danach ohnehin alles zu Ende wäre. Die Beschleunigung der Seele auf Lichtgeschwindigkeit hätte demnach einen besonderen Sinn, nämlich ihren Eintritt ins Jenseits zu ermöglichen. Folgerichtig müssen wir also auch von der Existenz eines Jenseits ausgehen. Von welchem Puzzlespiel haben wir dann aber soeben gesprochen? Es ist das Spiel der wunderbaren Schöpfung unserer Welt. Ein Spiel, das – wie wir noch feststellen werden – vermutlich nur ein einziges Ziel kennt, nämlich sich im Sinne seines Schöpfers zu vollenden.

Höre ich da etwa doch einen leisen Zweifel bei dir? Meine Seele soll sich mit Lichtgeschwindigkeit fortbewegen? Wie geht das denn? Zugegeben: Wir können uns nur schwer vorstellen, dass etwas mit Lichtgeschwindigkeit unseren eigenen Körper verlässt. Wenn auch du solche Zweifel hegst – was ich sehr gut nachvollziehen kann –, dann möchte ich dir die folgende *Wette* vorschlagen. Das Schöne an dieser Wette ist, dass du unabhängig von ihrem Ausgang nur gewinnen kannst, nämlich deftige – mitunter kernige (zum Knabbern!) – Denkanstöße:

Lucys Wette
**Ich wette, dass sich
– ausgehend von dir höchstpersönlich –
tatsächlich etwas naturwissenschaftlich Reales
mit Lichtgeschwindigkeit durch unser Universum bewegt.**

In dieser Wette liegt die Betonung auf »etwas naturwissenschaftlich Reales«. Du kannst das nicht glauben? Gut, dann spricht ja nichts dagegen, dass du die Wette im Sinne eines kleinen Spiels zwischen uns beiden abschließt. Du müsstest aber zunächst einmal dagegen wetten, also erklären, dass ich meine Wette verliere.

Vielleicht gelingt es mir, dich mit dieser – für ein seriöses Buch sicher etwas unkonventionellen – Wette aus der sonst oft üblichen passiven Haltung des »Nur-Lesens« zu locken. Ja, ich möchte dich sogar in die viel spannendere Position einer aktiven Teilnahme versetzen, in der du dein bisheriges Weltbild konstruktiv hinterfragst. Dieses Fernziel verfolge ich übrigens auch bei meinen vielen Vorträgen und Lesungen in Hochschulen, Schulen, Bildungszentren und Buchhandlungen, bei denen ich die Zuhörerinnen und Zuhörer stets bitte, keine Lebensinhalte und Wertvorstellungen vorbehaltlos zu übernehmen, sondern alles kritisch – aber konstruktiv – zu hinterfragen. Dazu zählt natürlich auch mein innovativer Denkansatz in diesem Buch. Einverstanden?

Halt, wir müssen noch die Wetteinsätze festlegen. Hierbei appelliere ich an unsere gegenseitige Fairness, dass jeder von uns bereit ist, seinen Einsatz im Fall einer verlorenen Wette auch tatsächlich herzugeben. Wenn du die Wette gewinnst und mich per E-Mail darüber informierst (du findest meine Adresse am Endes des Buches), dann wird mein Autor den Verkaufspreis dieses Buches an eine gemeinnützige Organisation spenden, die sich für Kinder aus den ärmsten Ländern dieser Welt einsetzt.

Sollte ich die Wette gewinnen, wirst du hoffentlich ins Grübeln geraten und dabei einen Teil deiner Zweifel überwinden. Ich wünsche mir aber auch, dass du dann den Ausgang dieser Wette zum Anlass nimmst, in Zukunft weniger vorschnell zu urteilen; beispielsweise in Bezug auf die Glaubwürdigkeit meines Axioms. Und was deinen Wetteinsatz betrifft: Was hältst du davon, wenn auch du eine gute Tat vollbringst, falls du unsere Wette verlierst? Hierunter verstehe ich eine Geste, mit der du einer anderen Person ganz und gar uneigennützig etwas Gutes tust. Du könntest einem Freund unter die Arme greifen oder ebenfalls mit einer mildtätigen Spende an besonders Hilfsbedürftige ein Zeichen der Liebe setzen. Selbstverständlich steht es dir dabei vollkommen frei, ob, wie viel und wem du etwas spenden willst.

Weil ich oft danach gefragt werde, möchte ich diese Gelegenheit gleich für die Klarstellung nutzen, dass hinter mir weder eine kirchliche noch eine politische Organisation steht. Keineswegs will ich missionieren, sondern nur ein interdisziplinäres und in sich konsistentes Weltbild vorstellen, das auf moderner Physik, Sterbeforschung und Theologie basiert. Alle Gedanken entspringen einzig und allein meiner inneren, tiefen Überzeugung.

Bitte denke aber stets daran: Für dich ist jede gute Geste nur eine kleine Tat, doch in der Summe können viele solcher Taten etwas ganz Großes bewirken. Mit deiner Geste vermehrst du das allerhöchste Gut in unserer Welt – ein Gut, das niemals und wegen keines noch so religiös oder politisch motivierten Vorwands in Vergessenheit geraten darf: *Liebe.* Wir alle sind nämlich weit mehr als nur ein Konglomerat von Atomen (siehe Abbildung 1).

Abb. 1: Mehr als nur ein Konglomerat von Atomen

Schade, dass ich jetzt dein Gesicht nicht sehen kann, denn es tut mir leid: Du hast zwar unsere Wette verloren, wie du sofort erfahren wirst. Aber als Belohnung bist du um drei riesige Erfahrungen reicher geworden, nämlich:

- dass wir uns allzu oft nur auf das Sehen verlassen,
- dass wir uns deshalb sehr schwer damit tun, an etwas Unsichtbares zu glauben,
- und dass mein Axiom eigentlich gar nicht so abwegig ist!

Warum hast du die Wette verloren? Nun, die Lösung heißt schlicht und einfach: Wärmestrahlung! Jeder Mensch gibt, solange er lebt, kontinuierlich Energie in Form von Wärmestrahlung an seine ganze Umgebung ab. Mit Wärmestrahlung bezeichnen wir *elektromagnetische Wellen* im infraroten Spektralbereich. Abbildung 2 gibt uns eine gute Übersicht aller für die Menschheit relevanten elektromagnetischen Wellen.

Die für uns wichtigsten Wellen – die sichtbaren Lichtwellen – stellen nur einen erstaunlich kleinen Teil des gesamten Spektrums dar. Und diesen Bereich des sichtbaren Lichts habe ich in Abbildung 2 sogar noch zusätzlich gestreckt, damit du ihn besser einordnen kannst. Nach oben hin wird die Wellenlänge (gemessen in Metern) immer größer. Oder mit anderen Worten: Die Strahlung wird langwelliger. Nach unten hin wird die Wellenlänge immer kleiner, beziehungsweise die Strahlung wird kurzwelliger. Rotes Licht ist langwelliger als blaues oder gar violettes Licht. An das sichtbare Licht schließen sich nach oben hin (also zum langwelligen Bereich) der Reihe nach das infrarote Licht, die Mikrowellen und die Radiowellen an. Nach unten hin (also zum kurzwelligen Bereich) folgen das ultraviolette Licht, die Röntgenstrahlen und die Gammastrahlen. Aber alle diese Strahlung – nämlich Radiowellen, Mikrowellen, infrarotes Licht, sichtbares Licht, ultraviolettes Licht, Röntgenstrahlen und Gammastrahlen – bilden zusammen die elektromagnetischen Wellen, wobei das infrarote Licht eben die Wärmestrahlung beinhaltet. Und weil sich alle diese elektromagnetischen Wellen – wie natürlich auch das Licht selbst – immer mit Lichtgeschwindigkeit ausbreiten, strahlen wir Menschen unsere Wärme mit Lichtgeschwindigkeit in das Universum ab. Das ist exakte Physik, an der es nichts zu rütteln gibt!

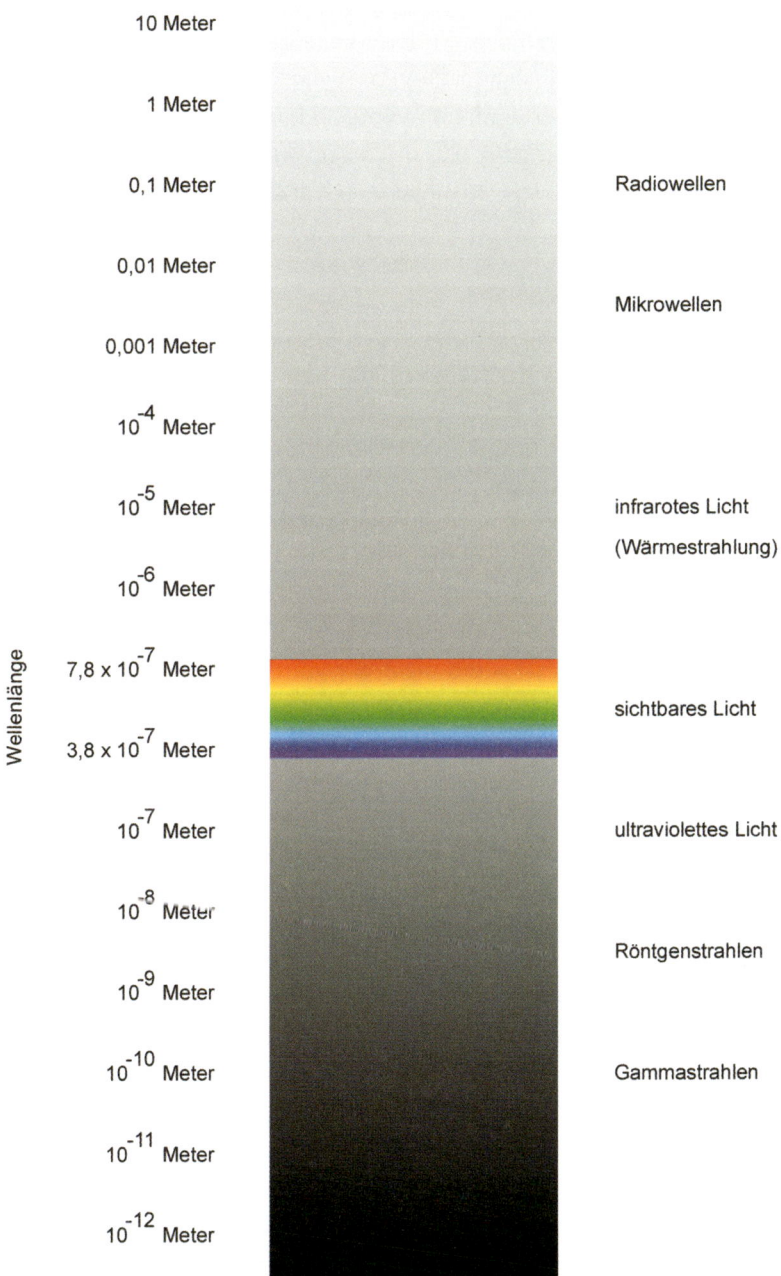

Abb. 2: Das elektromagnetische Spektrum

Dass es diese von uns Menschen ausgehende Wärmestrahlung tatsächlich gibt, beweist Abbildung 3, die mit einer speziellen Wärmebildkamera aufgenommen wurde. Das Foto zeigt zwei vertraute Menschen. Höhere Temperaturen sind im Wärmebild mit **roter** Farbe kodiert, besonders schön zu erkennen in den Regionen unbedeckter Haut (Gesichter und Hände). Tiefere Temperaturen erkennen wir an der **blauen** Farbe.

Und Abbildung 4 veranschaulicht, wie sich diese von uns Menschen ausgehende Wärmestrahlung mit Lichtgeschwindigkeit im Universum ausbreitet: Nämlich radial von der Wärmequelle weg, so wie auch die Sonne ihr Licht gleichzeitig in alle Richtungen des Raumes ausstrahlt. Damit sind wir bei der nächsten großen Überraschung: Offensichtlich senden wir unsere Wärmestrahlung nicht nur mit Lichtgeschwindigkeit aus, sondern unsere Wärmestrahlung durchsetzt sogar unser gesamtes Universum, weil die Abstrahlung in alle Richtungen des Raumes erfolgt und weil die Reichweite von elektromagnetischen Wellen im Prinzip unendlich ist; selbst wenn sie mit wachsender Entfernung von ihrer Quelle immer schwächer werden. Also hinterlassen wir Menschen unsere Spuren nicht nur auf der Erde, sondern – beispielsweise in Form von Wärmestrahlung – in unserem gesamten Universum.

Wahrscheinlich bist du jetzt erst einmal baff! Das ist völlig normal, denn für circa 95 Prozent aller von mir befragten Personen kommt diese Erkenntnis genauso überraschend wie für dich. Aber dennoch: Tatsache ist, dass wir kontinuierlich und mit Lichtgeschwindigkeit Energie an das Universum abgeben, obwohl wir dies nicht direkt mit unseren fünf Sinnen wahrnehmen können. Deshalb lässt sich auch mein Axiom nicht so einfach wegdiskutieren: Unsere Seele – wenn es denn eine solche gibt – könnte doch ähnlich wie die Wärmestrahlung unseren Körper verlassen und sich mit Lichtgeschwindigkeit im Universum ausbreiten. Allein die Existenz unserer eigenen Wärmestrahlung weist also auf die grundsätzliche Möglichkeit hin, dass etwas unseren Körper verlassen und sich daraufhin mit Lichtgeschwindigkeit ausbreiten kann. Ich behaupte keineswegs, dass die Seele selbst eine Art Wärmestrahlung ist; auch wenn es vielleicht ein schöner Gedanke wäre, unsere Seele mit einer angenehmen und Geborgenheit spendenden Wärme in Verbindung zu bringen.

Abb. 3: Zwei Menschen, aufgenommen mit einer Wärmebildkamera

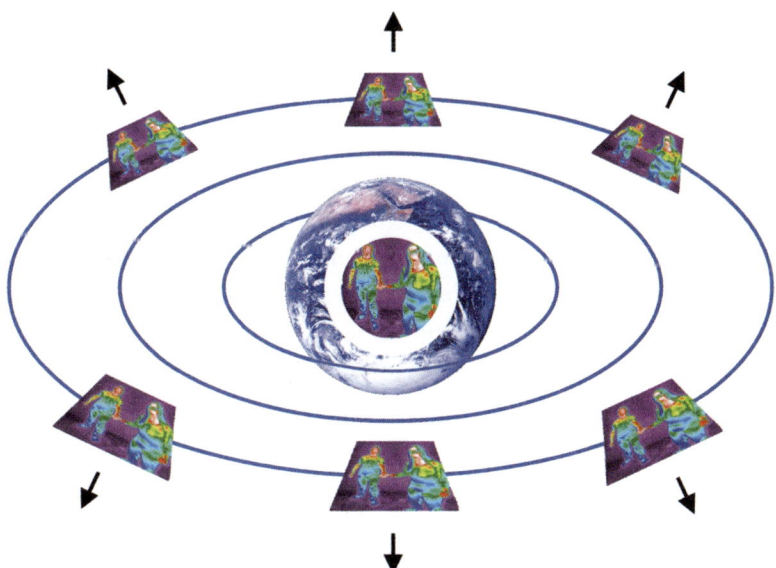

Abb. 4: Ausbreitung unserer Wärmestrahlung im Universum

Interessanter ist hingegen die Tatsache, dass es sich bei dieser Wärmestrahlung nicht nur um reflektierte Wellen handelt, sondern primär um von uns Menschen selbst erzeugte Wellen. Was wir Menschen normalerweise mit unseren Augen sehen, sind die von einer Lichtquelle (zum Beispiel von der Sonne) ausgehenden Wellen, die an einem Objekt reflektiert werden und dann in unsere Augen gelangen. Ohne eine Lichtquelle könnten wir nichts sehen. Ein entsprechend aufgenommenes Foto wäre vollkommen **schwarz**. Im Gegensatz dazu entstand Abbildung 3 mit einer speziellen Wärmebildkamera, die nicht auf sichtbares Licht, sondern nur auf Wärmestrahlung im infraroten Spektralbereich reagiert. Folglich zeigt dieses Wärmebild tatsächlich nur die Energie, welche direkt von uns selbst stammt – erzeugt über unseren Stoffwechsel aus der von uns verzehrten Nahrung und eingeatmeten Luft. Solche aus unserem Inneren stammende Energie strahlen wir also mit Lichtgeschwindigkeit in das Universum ab.

Könnte das nicht bedeuten, dass auch unsere Seele – sollte es diese überhaupt geben – eine ganz besondere Energieform darstellt, die unseren Körper eines Tages ebenfalls mit Lichtgeschwindigkeit verlässt? Immer noch skeptisch? Dann versuche doch bitte, auf dein Herz und deine innere Stimme zu hören. Sollte am Ende immer noch deine Skepsis überwiegen, steht es dir natürlich frei, all meine Denkanstöße wieder zu verwerfen.

Wichtiges zum Mitnehmen:
Wir philosophieren in diesem Buch über die Konsequenzen meines Axioms, dass unsere Seele mit dem körperlichen Tod den Körper verlässt und auf Lichtgeschwindigkeit beschleunigt wird. Mit der schlichten Eleganz dieses einzelnen Axioms wollen wir ein in sich konsistentes Weltbild ableiten. Mein Axiom ist gar nicht so abwegig, denn wir strahlen auch noch etwas anderes Reales mit Lichtgeschwindigkeit in das Universum ab, solange wir leben: Wärmestrahlung – eine aus unserem Inneren stammende Energie.

Experiment Nr. 1

Wir wollen im Verlauf dieses Buches gemeinsam vier Experimente durchführen, um die besprochenen Themen nicht nur theoretisch, sondern auch praktisch zu erfahren. Neugierig, wie ich – die Lucy – bin, empfinde ich es als eine große Hilfe, wenn ich selbst Hand anlegen darf; wenn also vielen Worten auch Taten folgen dürfen. Deshalb mein Wunsch:

Wenn es dir irgendwie möglich ist, diese recht einfachen Experimente auszuprobieren, dann gib dir einen Ruck und mache es. Denn keine Prosa ist überzeugender als das »Aha-Erlebnis« bei einem eigenhändig durchgeführten wissenschaftlichen Versuch!

In unserem ersten Experiment geht es um die elektromagnetischen Wellen. Wir beide haben bereits in Abbildung 2 festgestellt (wichtige Anmerkung: In diesem Buch werde ich öfter auf die Abbildungen aus früheren Kapiteln querverweisen; die entsprechende Seitenzahl findest du im Abbildungsverzeichnis auf S. 185, bezeichnet mit *Die Spielkarten*), dass das sichtbare Licht tatsächlich nur einen sehr begrenzten Spektralbereich umfasst: von circa $3,8 \times 10^{-7}$ Meter bis circa $7,8 \times 10^{-7}$ Meter. Alle anderen elektromagnetischen Wellen sind für unser Auge unsichtbar.

Gibt es dennoch eine einfache Möglichkeit nachzuweisen, dass es neben dem sichtbaren Licht auch noch unsichtbares Licht gibt? Können wir beispielsweise unsichtbares Infrarotlicht sichtbar machen? Meine Antwort lautet: »Ja, wahrscheinlich verfügst du sogar über die hierfür erforderlichen Utensilien.«

In der Tat benötigst du lediglich eine Infrarotfernbedienung und eine einfache Digitalkamera beziehungsweise einen Camcorder. Die meisten Fernbedienungen für Fernseher, Stereoanlagen, Videorecorder und DVD-Player arbeiten heutzutage mit Infrarotlicht. Und fast alle Digitalkameras oder Camcorder sind für dieses Experiment geeignet, weil in ihnen kein Infrarotsperrfilter eingebaut ist. Solltest du nicht über ein derartiges Gerät verfügen, dann kannst du den Versuch sicher auch bei einem guten Freund durchführen. Aber wir wollen keine Zeit mehr verlieren, sondern legen am besten sofort los mit unserem ersten kleinen Experiment!

Schalte zunächst deine Kamera an und orientiere die Fernbedienung so – wie in den Abbildungen 5a und b dargestellt –, dass ihre Frontseite direkt in das Objektiv deiner Kamera zeigt. Zwischen Kamera und Fernbedienung sollte ein Abstand von ungefähr 10 Zentimetern sein. Betrachte nun abwechselnd die Frontseite deiner Fernbedienung und das Display auf der Rückseite deiner Kamera, während du irgendeinen Knopf auf der Fernbedienung betätigst. Was siehst du? Kannst du mit bloßen Augen alles wahrnehmen, was das Display deiner Kamera für dich sichtbar macht? Oder kann deine Kamera vielleicht mehr sehen, als es dir mit bloßem Auge möglich ist?

Abb. 5a: Aufbau des Infrarotlicht-Experiments (Blick von oben)

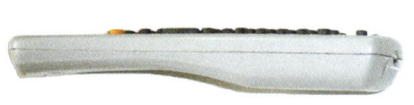

Abb. 5b: Aufbau des Infrarotlicht-Experiments (Blick von der Seite)

Abb. 6a: Frontseite der Fernbedienung (Fernbedienung aus)

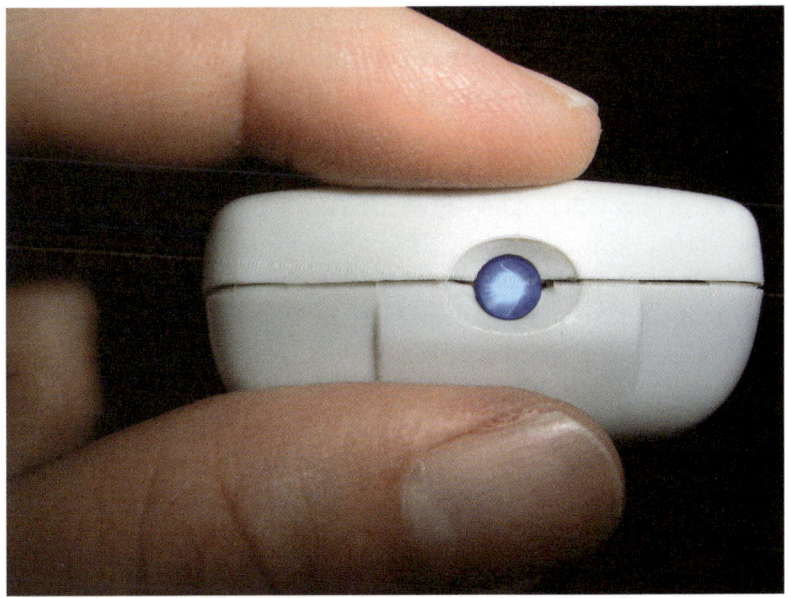

Abb. 6b: Frontseite der Fernbedienung (Fernbedienung an)

Die Auswertung unseres ersten kleinen Experiments ist sehr einfach: Wenn kein Knopf auf der Fernbedienung gedrückt wird, registriert deine Kamera nur das Gehäuse der Fernbedienung und eventuell noch deine Finger (siehe Abbildung 6a). Sobald die Fernbedienung betätigt wird, erscheint auf dem Display der meisten Kameras zusätzlich ein grelles, hellblaues Licht (siehe Abbildung 6b), welches mit dem bloßen Auge nicht sichtbar ist. Hierbei handelt es sich tatsächlich um das Infrarotlicht der Fernbedienung, welches der CCD-Chip deiner Kamera noch erfassen kann und auf dem Display als hellblaues Licht erscheint.

Warum können wir mit unseren Augen das Infrarotlicht der Fernbedienung nicht wahrnehmen? Es handelt sich hierbei um elektromagnetische Wellen mit einer Wellenlänge von circa 10^{-6} Meter. Diese Strahlung gelangt zwar auf die Netzhaut unserer Augen, unsere Sinnesrezeptoren in der Netzhaut sind aber nicht mehr in der Lage, eine solche Wellenlänge zu registrieren. Im Gegensatz hierzu ist der CCD-Chip deiner Kamera auch noch im Infrarotbereich empfindlich.

Bereits wenige Hilfsmittel und ein einfaches Experiment ermöglichen auf sehr anschauliche Weise, Infrarotlicht zu erzeugen und nachzuweisen. Dadurch haben wir ein für unsere Augen unsichtbares Licht sichtbar gemacht. Absichtlich habe ich dieses Thema für unser erstes Experiment ausgewählt, um dich in Form eines konkreten Handlungsimpulses auf etwas aufmerksam zu machen, was wir alle im Grunde wissen und dennoch immer wieder gerne verdrängen: Wir können die Welt mit unseren Sinnesorganen nur sehr unvollständig wahrnehmen. Was wir als Realität empfinden, ist den Beschränkungen unserer Sinne unterworfen. Mit technischen Hilfsmitteln, beispielsweise mit einem CCD-Chip, können wir zwar unseren Wahrnehmungshorizont künstlich erweitern, aber wir werden niemals die absolute Wirklichkeit erfassen können. Manchmal gaukeln uns die Sinnesorgane sogar etwas vor, was es gar nicht gibt: Mit unseren Augen können wir Lineale und Uhren – die Maßstäbe für Raum und Zeit – lesen. Immer genauere Lineale und Uhren verführen uns, Raum und Zeit als etwas Absolutes zu betrachten. Verstärkt wird dieser Effekt noch dadurch, dass wir heute überall mit scheinbar absoluten Längen- und Zeitangaben überflutet werden: In Kleidungsstücken finden wir Größenangaben, und an vielen Straßenecken lauern riesige Digitaluhren. Doch schon das folgende Kapitel wird uns überzeugen, dass Raum und Zeit gar nicht absolut sind.

Das Diesseits

Hinspiel mit Heimvorteil

Unsere materielle Welt

Der Untertitel des Kapitels verrät dir bereits, womit wir uns zunächst beschäftigen wollen: mit Raum und Zeit. Was meinen wir eigentlich mit diesen Grundbegriffen aus der Naturwissenschaft? Bewusst lasse ich unsere Reise hier beginnen; denn nur so erreichen wir auch diejenigen Leserinnen und Leser, die gewohnt sind, naturwissenschaftlich rational zu denken, aber mit oft sehr alten, religiösen Schriften nicht viel anfangen können. Im Buchabschnitt *Das Diesseits* befassen wir uns ausschließlich mit der exakten Naturwissenschaft. Erst danach wollen wir uns – auf dieses Fundament bauend – den Erkenntnissen der Sterbeforschung und der Theologie zuwenden.

Es gibt etwas wirklich Revolutionäres, was spätestens seit Albert Einstein allen Physikerinnen und Physikern bekannt ist, womit sich die allgemeine Bevölkerung jedoch weiterhin sehr schwer tut. Die meisten Menschen glauben immer noch wie Newton, dass irgendwo im Universum festgelegt ist, was Raum und Zeit sind. Doch Einstein hat uns bereits vor über hundert Jahren gelehrt, dass es diese Vorgaben für Raum und Zeit gar nicht gibt! Was aber messen wir dann mit einem Lineal oder einer Uhr? Es sind lediglich nützliche Vorstellungen, die wir mit *Raum* und *Zeit* bezeichnen. Raum ist für dich das, was deine Lineale anzeigen; und Zeit ist für dich das, was deine Uhren anzeigen. Für mich dagegen werden Raum und Zeit durch meine Lineale und meine Uhren festgelegt. So herum denkt die moderne Physik. Nicht mehr und nicht weniger meinen wir mit Raum und Zeit. Einsteins Verdienst ist es, erkannt zu haben, dass der Vorgang einer Bewegung die Maßstäbe von Raum und Zeit verändert. Wenn wir uns beide relativ zueinander bewegen, haben wir unterschiedliche Vorstellungen von Raum und Zeit. Es gibt nicht »den Raum« und »die Zeit«, weshalb ich auf den bestimmten Artikel bei Raum und Zeit bewusst verzichte!

Wir wollen uns in diesem Kapitel an einem roten Faden orientieren: Zunächst machen wir uns klar, dass die Geschwindigkeit des Lichts – im Gegensatz zum Schall oder einem fliegenden Ball – eine außergewöhnliche Eigenschaft hat. Diese Feststellung wird uns zwingen, die Begriffe von Raum und Zeit gründlich zu relativieren. Danach werden

wir Masse und Energie zum Raum-Zeit-Cocktail mixen und hierbei beobachten, wie vielschichtig sich seine Zutaten durchmischen. Bei einem Exkurs in die Quantenphysik dürfen wir dann den würzigen Cocktail verkosten und erkennen, wie einzigartig das Licht tatsächlich ist.

Bevor wir fortfahren, wollen wir beide eine kleine Vereinbarung treffen, die unser Verständnis wesentlich erhöhen wird: In allen Abbildungen dieses Buches malen wir denjenigen Beobachter, aus dessen Sicht die Szene gezeichnet ist, und jedes *für ihn* ruhende Objekt stets **rot**, jedes *für ihn* bewegte Objekt dagegen **grün**. Die zwei Farben habe ich in Analogie zu einer Verkehrsampel ausgewählt: Auch hier steht **rotes** Licht für »Halten« und **grünes** Licht für »Fahren«. Der konsequente Einsatz dieser Farben lässt uns die Grundzüge von Einsteins Relativitätstheorien verstehen, ohne auch nur eine einzige Formel zu verwenden! Zu beachten ist: Diese Farben ermöglichen es nicht, ein System in Bezug auf Raum und Zeit auszuzeichnen.

Wenn jemand die Geschwindigkeit eines bewegten Vorgangs misst, hängt diese meistens davon ab, wie er sich selbst relativ dazu bewegt. Stelle dir bitte vor, dass du mir gegenüberstehst und mir mit deiner trichterförmigen Hand ein lautstarkes »Hallo« nach dem anderen zurufst. Du bist also in Abbildung 7 die linke, ruhende Person, die als Beobachterin dieser Szene ein **rotes** Kleid trägt. Deine gerufenen Worte breiten sich in der Luft als Schallwellen aus. In 20 Grad warmer Luft beträgt die Schallgeschwindigkeit ungefähr 343 Meter pro Sekunde (m/s). Solange ich mich nicht relativ zu dir bewege, werde ich für den Schall die gleiche Geschwindigkeit messen wie du. Sobald ich aber versuche, den Schallwellen hinterherzulaufen – meine Farbe wechselt jetzt von **Rot** nach **Grün** –, reduziere ich die Relativgeschwindigkeit zwischen mir und den Schallwellen. Als eine gut trainierte Läuferin schaffe ich durchaus 100 Meter in 12 Sekunden, erreiche folglich eine Geschwindigkeit von etwa 8 m/s. Ich messe demnach eine um 8 m/s geringere Schallgeschwindigkeit, nämlich 335 m/s. Von einem Flugzeug aus gemessen, das durchschnittlich 1000 km/h oder 280 m/s fliegt, reduziert sich mein Messwert weiter auf 63 m/s. Was lernen wir also? Die Schallgeschwindigkeit ist *abhängig* von der Bewegung der messenden Person. Ähnliches gilt, wenn du keine Schallwellen aussendest, sondern mir ein Objekt zuwirfst, beispielsweise einen Ball.

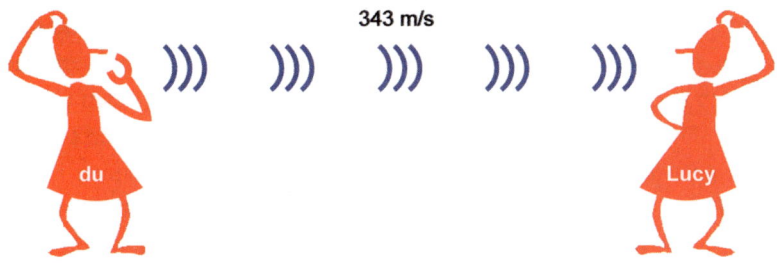

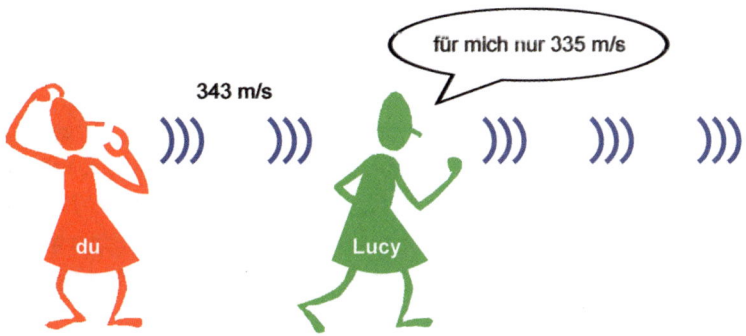

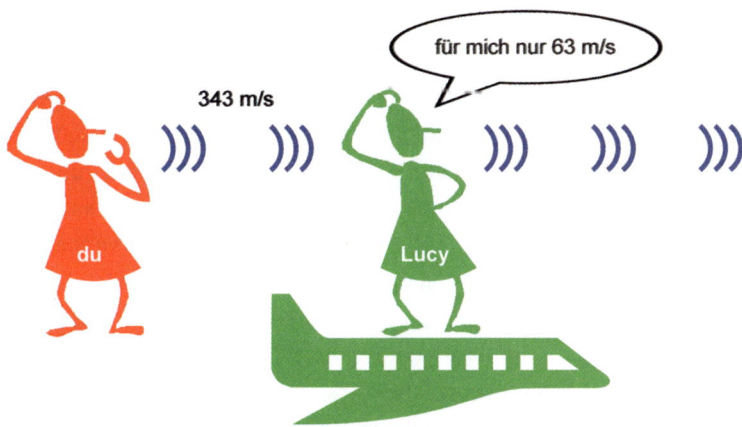

Abb. 7: Die Ausbreitung von Schall

Nun nehmen wir an, dass du etwas aussendest, was nach den Erkenntnissen der modernen Physik an Geschwindigkeit nicht mehr überboten werden kann: Licht. Nichts kann schneller transportiert werden als das Licht! Du bist in Abbildung 8 wieder die linke, ruhende Person, beobachtest die dargestellte Szene und hältst eine Taschenlampe in der Hand, mit der du viele kurze Lichtblitze auf mich richtest. Wenn ich mich nicht relativ zu dir bewege, werde ich für diese Lichtblitze die gleiche Geschwindigkeit messen wie du, nämlich 1 079 252 848,8 km/h. Ausgedrückt in Metern pro Sekunde sind dies exakt 299 792 458 m/s. Im zweiten Schritt werde ich wieder versuchen, den Lichtblitzen hinterherzulaufen oder mit einem Flugzeug ihnen hinterherzufliegen. Meine Farbe wechselt dann von **Rot** nach **Grün**! Die Erfahrung lehrt uns: Ich kann das Licht zwar nicht einholen, aber als gut trainierte Läuferin schaffe ich es immerhin auf ungefähr 8 m/s, und mit dem Flugzeug erreiche ich sogar 280 m/s. Doch wenn ich die Geschwindigkeit der Lichtblitze messe, während ich mich fortbewege, erhalte ich erstaunlicherweise stets denselben Wert, wieder exakt 299 792 458 m/s. Die Lichtgeschwindigkeit hat also eine wirklich außergewöhnliche Eigenschaft: Sie ist vollkommen *unabhängig* vom Bewegungszustand der messenden Person. Sie ist eine Naturkonstante.

Diese Feststellung widerspricht dem gesunden Menschenverstand. Warum? Weil wir es gewohnt sind, Raum und Zeit als etwas fest Vorgegebenes zu betrachten. Beispielsweise gehen wir intuitiv davon aus, dass für mich die gleichen Maßstäbe für Raum und Zeit zugrunde liegen wie für dich. Doch wenn das so wäre, müsste es mir gelingen, die Relativgeschwindigkeit zwischen mir und jenen Lichtblitzen zu reduzieren, wenn ich ihnen hinterherlaufe. Das ist aber nicht der Fall! Es muss also genau andersherum sein: Konstant sind nicht die Maßstäbe für Raum und Zeit, sondern die Lichtgeschwindigkeit. Ich habe eine andere Vorstellung von Raum und Zeit, solange ich mich relativ zu dir bewege. Die beobachtete Konstanz der Lichtgeschwindigkeit zwingt uns dazu, die Vorstellung vom »absoluten Raum« und von der »absoluten Zeit« endgültig aufzugeben. Raum und Zeit sind relativ, so schwer uns diese Erkenntnis auch fallen mag. Wie ich ein Objekt oder einen Vorgang in Raum und Zeit messe, hängt davon ab, mit welcher Geschwindigkeit ich mich relativ dazu bewege. In seinen Relativitätstheorien, denen wir uns jetzt zuwenden wollen, lehrt uns Albert Einstein das Messen von Raum und Zeit.

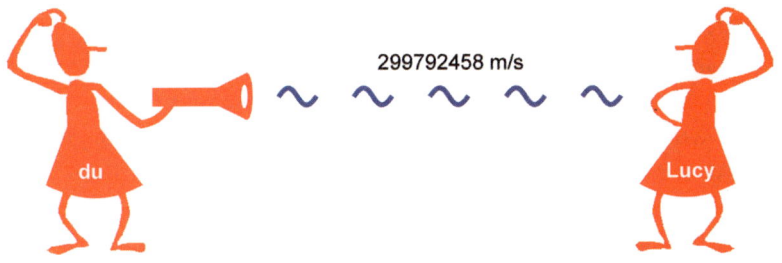

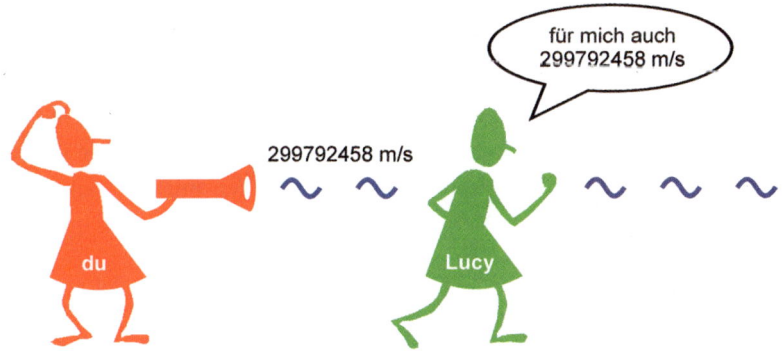

Abb. 8: Die Ausbreitung von Licht

Albert Einstein hat zwei Relativitätstheorien formuliert:[1] erst die spezielle im Jahr 1905 und dann die allgemeine im Jahr 1915. Die *spezielle Relativitätstheorie* gilt für solche Bezugssysteme, die mit konstanter Geschwindigkeit gegeneinander bewegt werden. Beschleunigte Bezugssysteme und auch Gravitationsfelder werden in der *allgemeinen Relativitätstheorie* behandelt. Beiden Theorien ist gemeinsam, dass sie die Relativität von Raum und Zeit beschreiben: die spezielle, basierend auf der soeben diskutierten Konstanz der Lichtgeschwindigkeit, und die allgemeine, beruhend auf der Wechselwirkung von Raum und Zeit mit Masse und Energie. Raum und Zeit sind so eng miteinander verwoben, dass die Physik sie in der sogenannten *Raumzeit,* also in einer Ganzheit, zusammenfasst. Erst das ganzheitliche Denken lässt uns Fundamentales erkennen: Raum und Zeit gibt es nur im »Doppelpack«!

Zunächst zur speziellen Relativitätstheorie: Die Abbildungen 9a und b zeigen dich in einem Wagen mit einer *Lichtuhr* – und mich. Die Lichtuhr ist die einfachste Uhr überhaupt: Sie besteht aus nur zwei Spiegeln und einem Lichtteilchen, einem *Photon.* Dieses Photon wird abwechselnd zwischen den beiden Spiegeln hin und her reflektiert. Jedes Mal, wenn es auf den unteren Spiegel trifft, macht die Uhr »tick«, und eine Zeiteinheit ist vergangen, beispielsweise eine Sekunde. Beide Abbildungen stellen zwar die gleiche Szene dar, jedoch aus der Sicht unterschiedlicher Beobachterinnen. Wir erinnern uns: Jede Abbildung ist aus der Perspektive der jeweils **roten** Person gezeichnet! Selbst wenn sich der Wagen in Abbildung 9a relativ zu seiner Umgebung bewegt, gibt es keine Relativbewegung zwischen ihm und der **roten** Beobachterin. Deshalb ist hier auch der Wagen **rot** gemalt. In Abbildung 9b steht die beobachtende Person außerhalb des Wagens, so dass der Wagen und die Person im Wagen ihre Farbe nach **Grün** wechseln müssen. Diese Abbildung zeigt gleich zwei Momentaufnahmen, zwischen denen sich der Wagen bewegt. Weil die Lichtgeschwindigkeit stets den gleichen Wert hat, aber das Licht für die **rote** Beobachterin zwischen zwei Ticks den gestrichelten (also deutlich längeren!) Weg zurücklegen muss, misst sie auch eine viel längere Zeit zwischen den Ticks als die mitfahrende **grüne** Person. Folglich können wir festhalten: Beobachtet man einen bewegten Vorgang, so misst man dafür eine längere Zeitdauer als eine Person, die sich relativ zum Vorgang in Ruhe befindet. Dieser Effekt wird in der speziellen Relativitätstheorie mit dem Begriff der *Zeitdilatation* bezeichnet.

Abb. 9a: Du misst den Gang deiner Lichtuhr

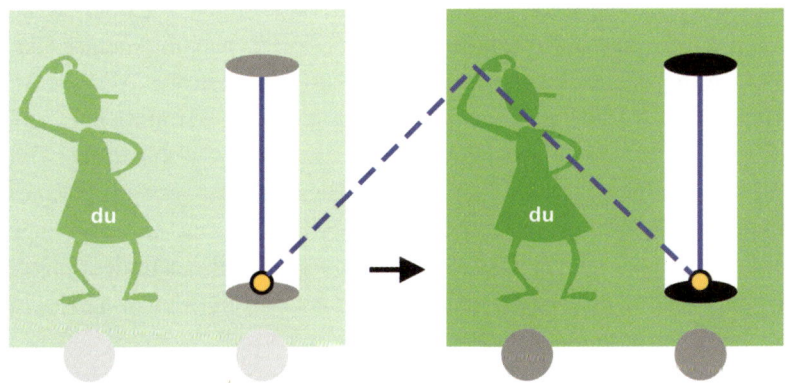

Abb. 9b: Lucy misst den Gang deiner Lichtuhr

Die spezielle Relativitätstheorie stellt fest, dass nicht nur Zeit relativ ist, sondern auch Raum. Die Abbildungen 10a und b verdeutlichen uns die Relativität von Raum bezogen auf eine Raumdimension, nämlich die Länge eines Lineals. Nehmen wir an, dass du auf einem Lineal sitzt und ich auf einer Uhr stehe. In *deinem* System (siehe Abbildung 10a) bewegt sich meine Uhr an deinem Lineal vorbei: Die Uhr ist **grün**, das Lineal ist **rot**. Mit dem Ereignis A kennzeichnen wir den Zeitpunkt, zu dem meine Uhr das linke Ende deines Lineals passiert; und mit dem Ereignis B markieren wir den Zeitpunkt, zu dem meine Uhr das rechte Ende deines Lineals passiert. Δt sei die Zeitdauer, die zwischen den zwei Ereignissen A und B *für dich* vergeht. L sei die Länge, die das Lineal *für dich* hat.

Wie aber stellt sich der gleiche Vorgang in *meinem* System dar? Für mich (siehe Abbildung 10b) bewegt sich dein Lineal an meiner Uhr vorbei: Die Uhr ist **rot**, das Lineal ist **grün**. Δt' sei die Zeitdauer, die zwischen den Ereignissen A und B *für mich* vergeht. L' sei die Länge, die das Lineal *für mich* hat. Ich messe wegen der Zeitdilatation zwischen den Ereignissen A und B eine kürzere Zeitdauer als du, da ich mich relativ zum bewegten Vorgang (hier: zur Bewegung meiner Uhr, welche die beiden Ereignisse definiert) in Ruhe befinde. Also ist Δt' kürzer als Δt. Dann muss auch L' kürzer sein als L, damit dein Lineal es schafft, sich an meiner Uhr in der *mir* verfügbaren (kürzeren!) Zeit Δt' vorbeizubewegen. Wir halten fest: Beobachtet man ein bewegtes Objekt, so misst man dafür in Bewegungsrichtung eine kürzere Länge als eine Person, die sich relativ zum Objekt in Ruhe befindet. Dieser Effekt wird in der speziellen Relativitätstheorie mit dem Begriff der *Längenkontraktion* bezeichnet.

Es gibt ein wesentliches Grundprinzip der speziellen Relativitätstheorie, das leider oft falsch verstanden wird: Zeitdilatation und Längenkontraktion treten immer nur in Erscheinung – und zwar nur dann, wenn man sich relativ zu einem Vorgang oder einem Objekt bewegt. Was bei der einen Person als Längenkontraktion erscheint, äußert sich bei der jeweils anderen Person als Zeitdilatation – und umgekehrt. Erst mit diesem Prinzip wird die Relativität verankert. Meine eigene Uhr wird für mich niemals langsamer gehen (es sei denn, ihr Uhrwerk ist defekt), und mein eigenes Lineal wird für mich niemals kürzer werden (es sei denn, es zerbricht), sondern stets nur für eine Person, die sich mir gegenüber bewegt.

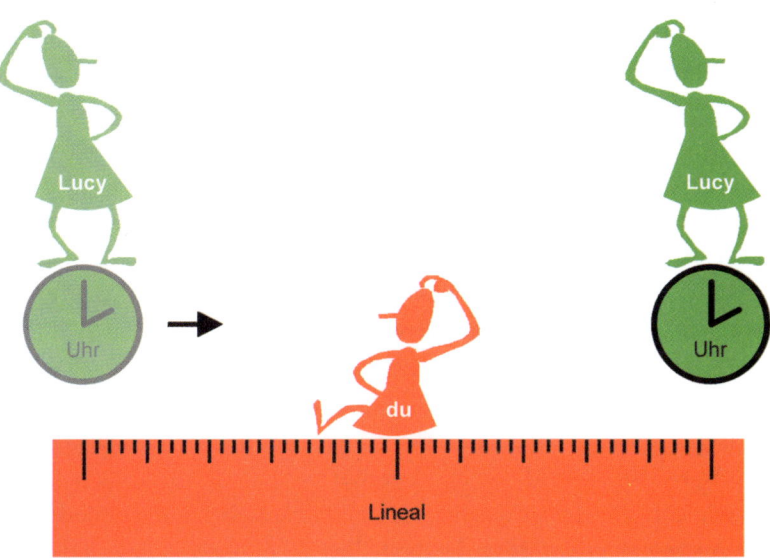

Abb. 10a: Lucys Uhr bewegt sich an deinem Lineal vorbei

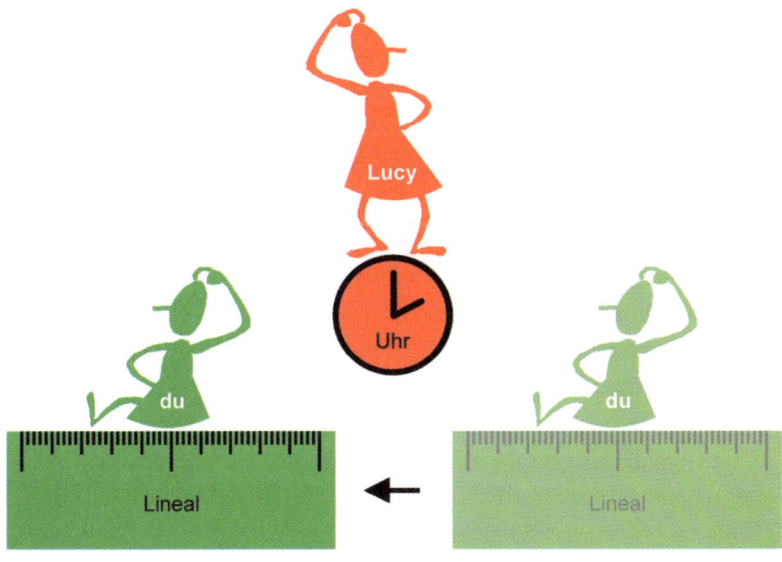

Abb. 10b: Dein Lineal bewegt sich an Lucys Uhr vorbei

Damit wollen wir uns nun der allgemeinen Relativitätstheorie von Albert Einstein zuwenden. Diese bezieht sich – im Gegensatz zur speziellen Relativitätstheorie – auch auf beschleunigte Bezugssysteme. Raum und Zeit stehen in Wechselwirkung mit der gesamten Masse und Energie unseres Universums. Diese wechselseitige Beziehung besteht darin, dass Raum und Zeit einerseits die Bewegung von allen masse- und energiebehafteten Objekten bestimmen, andererseits werden Raum und Zeit durch ebendiese Objekte gekrümmt, indem sie Raum verbiegen und Zeit verlangsamen. Masse und Energie hängen so eng miteinander zusammen, dass wir sie als eine Ganzheit betrachten müssen. Auch diese Erkenntnis geht auf Einstein zurück, weil er – ganzheitlich denkend – ein fundamentales Axiom der modernen Physik postulierte: die Äquivalenz von Masse und Energie.[2]

Wie können wir uns das langsamere Verstreichen von Zeit aufgrund der Anwesenheit von Materie vorstellen? Abbildung 11 zeigt uns zwei Uhren, die sich in verschiedenen Höhen an einem Kirchturm befinden. Maßgeblich für den Gangunterschied dieser Uhren ist ihr ungleicher Abstand zum Mittelpunkt der Erde, der größten Masse in ihrer unmittelbaren Umgebung. Die Uhren befinden sich in unterschiedlicher Entfernung zur Materie, was sich darin auswirkt, dass die untere Uhr im stärkeren Gravitationsfeld der Erde geringfügig langsamer läuft als die obere Uhr. Hierzu ein Beispiel: Wenn der Kirchturm 100 Meter hoch ist, geht die obere Uhr in 10 Millionen Jahren um circa 3 Sekunden vor. Mit Atomuhren, die per Flugzeug in unterschiedlichen Höhen transportiert werden, kann der veränderte Zeitablauf auch schon während weniger Tage nachgewiesen werden, wie es Joseph Hafele und Richard Keating erfolgreich demonstriert haben.[3]

Die gegenseitige Einflussnahme von Raumzeit und Materie kann nur in grober Näherung vernachlässigt werden, beispielsweise im Alltag der Menschheit und ihrem klitzekleinen Heimatplaneten. Aber schon bei den neuesten technischen Errungenschaften wird die enge Verknüpfung von Raumzeit und Materie deutlich. Wusstest du etwa, dass die moderne Satellitennavigation in unseren Autos – das *globale Positionssystem (GPS)* – auch als ein experimenteller Nachweis für die Gültigkeit der allgemeinen Relativitätstheorie zu betrachten ist? Wenn diese hochpräzise Technologie nämlich nicht den langsameren Ablauf von Zeit in Erdnähe einkalkulieren würde, käme es zu großen Fehlern bei der Ortsbestimmung!

Abb. 11: Die Relativität von Zeit in der allgemeinen Relativitätstheorie

Eine Anmerkung sei hier noch erlaubt. Auch wenn wir in diesem Kapitel unsere Begriffe von Raum und Zeit unter die Lupe nehmen, so wünsche ich mir doch, dass du bei der Lektüre dieses Buches folgendes erkennen wirst: In Abbildung 11 ist nicht das Gebäude – ganz gleich ob Kirche, Synagoge, Moschee oder Tempel – mit seinen Raumelementen (den vielen Steinen) und Zeitelementen (den Uhren) bedeutsam, sondern der gelbe Lichtstrahl. Er entspringt dem bunten Glasfenster und quillt aus der Tür hervor. Nur er ist raumlos und zeitlos. Nur er kann uns alles erhellen, wenn wir bereit sind, unsere Türen zu öffnen.

Ebenso wie Zeit wird auch Raum in der allgemeinen Relativitätstheorie durch die Anwesenheit von Masse und Energie relativiert. Abbildung 12 gibt uns eine kleine Vorstellung davon, auch wenn Raum hierbei auf eine nur zweidimensionale Gummihaut reduziert wird. Nehmen wir einmal an, dass sich in der tiefen Mulde der Gummihaut unser Heimatplanet, die Erde, befindet. Wenn sich die zwei grünen Glasperlen frei auf der Gummihaut bewegen können, folgen sie automatisch dem gekrümmten Raum. Newton ging bei seinen Axiomen der klassischen Mechanik noch davon aus, dass jede Masse (zum Beispiel die Erde) eine Gravitationskraft auf alle sie umgebenden Objekte (zum Beispiel die Glasperlen) ausübt. Einstein benötigt eine solche Kraft nicht mehr. Nach Einstein verbiegt jede Masse den sie umgebenden Raum derart, dass alle anderen frei beweglichen Objekte keine andere Wahl haben, als dieser Raumkrümmung zu folgen. Abbildung 12 zeigt die zwei Pfade der Glasperlen, die sich der Mulde nähern und dabei wegen der Raumkrümmung abgelenkt werden und nicht aufgrund der Gravitation.

Selbst Licht folgt der Raumkrümmung. Im Jahr 1919 ist es Arthur Eddington und seinem Expeditionsteam bei einer totalen Sonnenfinsternis gelungen, diesen Effekt zu messen.[4] Die Sonne hat genügend Masse, um das Licht von Sternen abzulenken. Abbildung 13 zeigt grafisch, wie sich die Position solcher Sterne für einen Beobachter auf der Erde verschiebt. Das Experiment gelingt allerdings nur bei einer totalen Sonnenfinsternis, weil das Licht der Sonne dann nicht mehr die Sterne überstrahlen kann, sondern durch den Mond weggefiltert wird. Historisch gesehen gelang bei dieser Expedition der erste experimentelle Nachweis für die Gültigkeit der allgemeinen Relativitätstheorie.

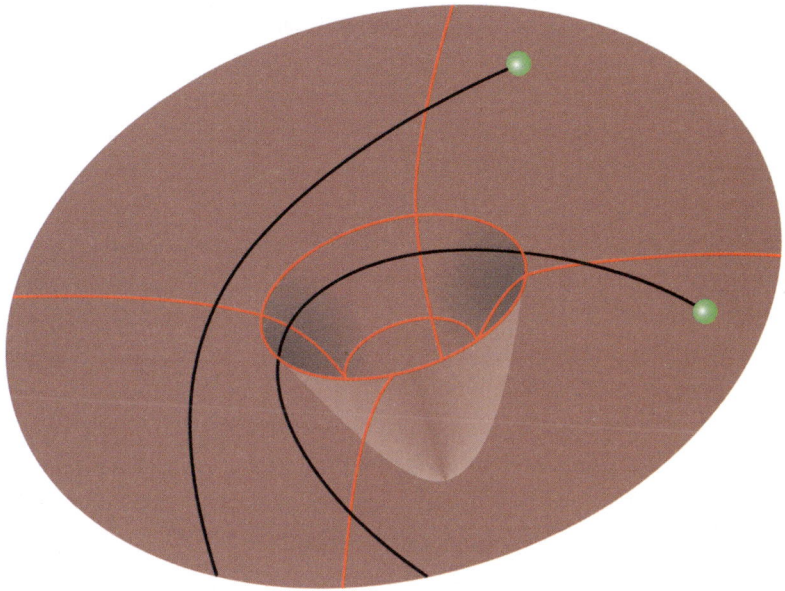

Abb. 12: Die Relativität von Raum in der allgemeinen Relativitätstheorie

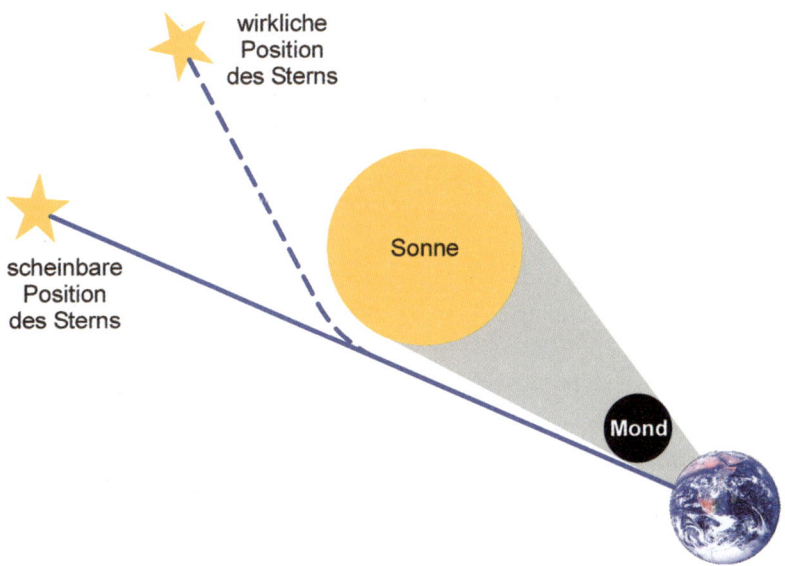

Abb. 13: Die Ablenkung von Licht durch Materie

Wir verlassen nun für kurze Zeit die Welt der Relativität und tauchen ein in die Welt der kleinsten Teilchen, der *Quanten*. Bisher sind wir davon ausgegangen, dass Raum und Zeit zwar von vielen Faktoren abhängig sind – beispielsweise von der Bewegung eines Beobachters oder von anwesender Materie –, dass sie aber nicht von der Beobachtung selbst abhängig sind. Raum und Zeit sind insbesondere nicht davon abhängig, ob sie vermessen werden oder nicht. Erst die Quantenphysik bricht mit dieser objektiven Betrachtungsweise und stellt Subjekt (den Beobachter) und Objekt (das Beobachtete) auf eine Ebene. Die Beobachtung von Quanten lehrt uns, dass die Wirklichkeit verschieden ist, je nachdem, ob wir sie beobachten oder nicht.[5]

Ein wichtiges Axiom der modernen Quantenphysik ist die *Heisenbergsche Unbestimmtheitsrelation*. Ihr Entdecker, Werner Heisenberg, charakterisiert sie wie folgt: »Die Kenntnis des Ortes eines Teilchens ist komplementär zur Kenntnis seiner Bewegungsgröße [gemeint ist hier der physikalische *Impuls*]. Wenn wir die eine Größe mit großer Genauigkeit kennen, können wir die andere nicht mit hoher Genauigkeit bestimmen, ohne die erste Kenntnis wieder zu verlieren.«[6]

Abbildung 14 veranschaulicht uns diesen Zusammenhang. Nehmen wir an, wir hätten ein Quantenlineal und einen Quantenimpulsmesser, mit dem wir Position und Impuls eines vorbeifliegenden Quants messen könnten. Die Messinstrumente gehören zum Beobachter und sind entsprechend unserer Vereinbarung mit **roter** Farbe gemalt, das für ihn bewegte Quant ist dagegen **grün** gefärbt. Ein Lineal mit einer groben Skala erlaubt uns nur eine sehr ungenaue Messung seines Ortes. Das **grüne** Quant könnte sich also ebenso an jeder Position eines **grauen** Kreises befinden. Nach Heisenberg ist der zugehörige Impuls dann im Prinzip sehr genau bestimmt. Je feiner aber die Skala des Lineals wird, das heißt, je genauer wir den Ort eines Quants messen, umso unbestimmter wird zugleich sein Impuls. Die letzte Aussage gilt entsprechend auch mit vertauschten Begriffen: Je genauer wir den Impuls eines Quants messen, umso unbestimmter wird zugleich sein Ort. Es wird uns folglich niemals gelingen, gleichzeitig Ort und Impuls eines Quants exakt zu bestimmen – auch nicht mit einem noch so ausgeklügelten Experiment! Wir selbst verändern mit jeder neuen Messung die Eigenschaften dieses Quants und somit die zuvor angedeutete Wirklichkeit.

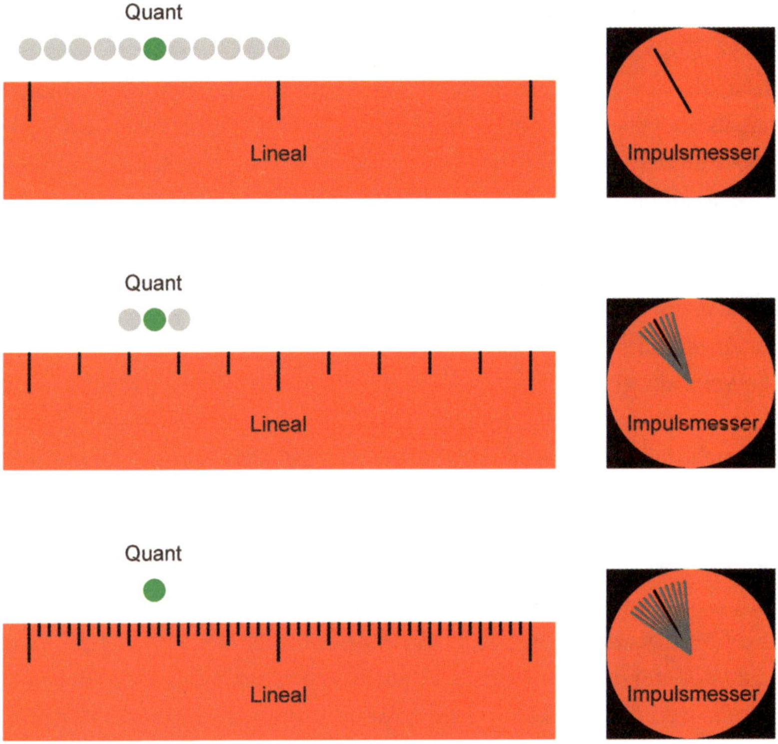

Quant

Lineal

Impulsmesser

Quant

Lineal

Impulsmesser

Quant

Lineal

Impulsmesser

Abb. 14: Die Heisenbergsche Unbestimmtheitsrelation

Erinnern wir uns nun an den roten Faden, der uns durch dieses Kapitel leiten soll. Wir hatten Raum und Zeit als relative Größen entlarvt. Außerdem haben wir erkannt, dass Raum und Zeit durch Masse und Energie entscheidend beeinflusst werden und dass sogar der Prozess einer Beobachtung die Wirklichkeit verändert. Unser kleiner Cocktail hat es also ganz schön in sich! Sehr zu Recht kannst du deshalb die folgende, uns hoffentlich wieder ernüchternde Frage stellen: Gibt es in dieser Welt überhaupt irgendetwas, was *absolut* ist? Für eine Antwort wollen wir uns nochmals der Lichtgeschwindigkeit in Abbildung 8 zuwenden. Erstaunlicherweise messe ich in allen dort dargestellten Fällen stets den gleichen Wert wie du. Manifestiert sich etwa das Licht inmitten dieser Welt, in der es von Relativität nur so wimmelt, als eine absolute Größe?

Tatsächlich breitet sich das Licht immer mit exakt 299 792 458 m/s aus. Diese Eigenschaft ist wirklich sehr außergewöhnlich, denn offenbar lässt sich aus zwei relativen Größen – nämlich einer relativen Längenangabe bezogen auf ein relatives Zeitintervall – eine absolute Größe konstruieren: die Lichtgeschwindigkeit, also eine Absolutheit inmitten einer Welt der Relativität! In der Naturwissenschaft gibt es noch andere wichtige Naturkonstanten neben der Lichtgeschwindigkeit. Doch keine verknüpft Raum und Zeit so elementar und einzigartig miteinander wie die Geschwindigkeit des Lichts: als das Verhältnis einer Länge zu einer Zeit.

Wenn du gläubig bist, mag es dir leichtfallen, diese Absolutheit – Licht – mit Gott gleichzusetzen. Wenn du schon eine Nahtoderfahrung gemacht hast, dann weißt du bereits jenseits aller Zweifel, dass Licht mit absoluter Liebe und absolutem Wissen zu identifizieren ist. Was aber, wenn dein Denken eher naturwissenschaftlich orientiert ist, wenn du dir in deinem Glauben unsicher – vielleicht auch überhaupt nicht gläubig – bist und wenn du außerdem noch kein Nahtoderlebnis hattest? Nun, dann lade ich dich hiermit persönlich ein, so neugierig wie bisher weiterzulesen. Über zwei wichtige Fragen mögest du aber bitte bereits jetzt nachdenken. Erstens: Naturkonstanten sind absolut. Könnte sich vielleicht in ihnen die Vollkommenheit eines Schöpfers offenbaren? Zweitens: Ruhe ist stets nur relativ. Was sich für eine Person in Ruhe befindet, ruht für eine dazu bewegte Person nicht mehr. Das Absolute finden wir nur in der Bewegung, nämlich einer Bewegung mit Lichtgeschwindigkeit. Könnte uns diese vielleicht den Weg in ein Jenseits weisen?

Wichtiges zum Mitnehmen:
Zwei Theorien beschreiben die Relativität von Raum und Zeit: die spezielle Relativitätstheorie, basierend auf der Konstanz der Lichtgeschwindigkeit, und die allgemeine, beruhend auf der Wechselwirkung von Raum und Zeit mit Masse und Energie. Längenkontraktion und Zeitdilatation sind messbare Effekte der Relativität von Raum und Zeit. Die Quantenphysik lehrt uns, dass die Wirklichkeit von der Beobachtung abhängt. Naturkonstanten sind absolut. In ihnen könnte sich die Vollkommenheit eines Schöpfers offenbaren.

Der Searchlight-Effekt

Es gibt einen Effekt in der speziellen Relativitätstheorie, der bei weitem nicht die Bekanntheit erreicht hat wie die Zeitdilatation oder die Längenkontraktion, aber mich – die Lucy – mindestens ebenso fasziniert: der *Searchlight-Effekt*. Er steht für folgendes Phänomen: Wenn wir uns fast mit Lichtgeschwindigkeit bewegen, dann nehmen wir Licht ähnlich wie bei einem Scheinwerfer gebündelt wahr; und zwar aus der Richtung kommend, in die wir uns gerade bewegen. Alle anderen Richtungen erscheinen uns entsprechend dunkler. Dem Searchlight-Effekt liegen gleich mehrere Ursachen zugrunde,[7] deren Erklärung den Rahmen dieses Buches sprengen würde. Wir werden uns aber im anschließenden *Experiment Nr. 2* mit einer einfachen Analogie zum Searchlight-Effekt auseinandersetzen.

Zuvor möchte ich dich jedoch zu einer kleinen Kinovorstellung einladen. Genaugenommen handelt es sich um ein Daumenkino. Auf den folgenden zwölf Seiten findest du jeweils links eine Abbildung mit dem Flug über ein Sonnenblumenfeld bei verschiedenen Geschwindigkeiten: 0 km/h, 75 Prozent, 87 Prozent, 95 Prozent, 98 Prozent und 99 Prozent von c. In der Physik steht das Symbol c für die Lichtgeschwindigkeit. Rechts sind die gleichen Szenen dargestellt, aber inklusive Searchlight-Effekt.

Ich möchte, dass du diese Fotos zunächst auf dich wirken lässt. Weißt du denn, wie ein Daumenkino funktioniert? Ich werde dir eine kurze Anleitung geben: Nimm alle folgenden Blätter dieses Buches so in die rechte Hand, dass dein Daumen am rechten Rand dieser Seite und alle anderen Finger auf der Rückseite des letzten Blattes zu liegen kommen. Nun krümme die Seitenmitten etwas zu dir hin, bewege deinen Daumen langsam weiter nach rechts und lasse dabei eine Seite nach der anderen mit dem Daumen los, damit diese von allein nach links umblättern können. Konzentriere dich zuerst nur auf die linken Abbildungen. Bewegst du dich relativ zum Sonnenblumenfeld? Wiederhole dann das Daumenkino, schaue aber jetzt auf die rechten Abbildungen. Was beobachtest du in diesem Fall?

Abb. 15a: Flug über ein Sonnenblumenfeld (0 km/h)

Abb. 16a: Flug mit Searchlight-Effekt (0 km/h)

Abb. 15b: Flug über ein Sonnenblumenfeld (75 Prozent von c)

Abb. 16b: Flug mit Searchlight-Effekt (75 Prozent von c)

Abb. 15c: Flug über ein Sonnenblumenfeld (87 Prozent von c)

Abb. 16c: Flug mit Searchlight-Effekt (87 Prozent von c)

Abb. 15d: Flug über ein Sonnenblumenfeld (95 Prozent von c)

Abb. 16d: Flug mit Searchlight-Effekt (95 Prozent von c)

Abb. 15e: Flug über ein Sonnenblumenfeld (98 Prozent von c)

Abb. 16e: Flug mit Searchlight-Effekt (98 Prozent von c)

Abb. 15f: Flug über ein Sonnenblumenfeld (99 Prozent von c)

Abb. 16f: Flug mit Searchlight-Effekt (99 Prozent von c)

Die abgebildeten Szenen wurden mit steigender Geschwindigkeit herangezoomt, um auch die tatsächliche Vorwärtsbewegung des Beobachters bei einem Flug über das Sonnenblumenfeld zu berücksichtigen. Je stärker die Bildmitte herangezoomt wird, umso näher erscheint sie dem Beobachter, was einer Verlagerung seiner eigenen Position in Richtung der Bildmitte entspricht.

Leider ist es mir aus Platzgründen nicht möglich, mehr als diese zwölf Bilder vom Sonnenblumenfeld abzudrucken. Wenn du aber beim Betrachten die beschriebene Technik des Daumenkinos anwendest und dich darin etwas übst, dann verspreche ich dir: Du kannst dabei das Gefühl erleben, über die Sonnenblumen hinwegzufliegen (Abbildungen 15a bis f) beziehungsweise in ein Licht einzutauchen (Abbildungen 16a bis f). So in etwa würdest du deine Umgebung wahrnehmen, falls du selbst bis fast auf Lichtgeschwindigkeit beschleunigen könntest.

Unser Buchmedium eignet sich nur für ein kleines Daumenkino, nicht jedoch für eine echte Filmvorführung. Deshalb möchte ich dich hiermit herzlich einladen, dir auf meiner Webseite

www.Lucy-im-Licht.de

einen speziellen Videoclip zum Searchlight-Effekt anzuschauen. Du fliegst dort über das gleiche Sonnenblumenfeld; wesentlich mehr Einzelbilder lassen deinen Flug allerdings noch realistischer werden. Wenn du über keinen Internetanschluss verfügst, kann dir vielleicht ein Freund aushelfen; oder du besuchst eines der inzwischen zahlreichen Internetcafés und betrachtest den Film dort.

Sämtliche Fotos in den Abbildungen 15a bis f und 16a bis f wurden freundlicherweise von Priv.-Doz. Dr. Hans-Peter Nollert und Prof. Dr. Hanns Ruder vom Institut für Theoretische Astrophysik an der Universität Tübingen berechnet. Gary Barnhart aus Colorado lieferte die Vorlage mit seiner Aufnahme vom Sonnenblumenfeld. Die Simulationen beruhen auf den Gesetzen der speziellen Relativitätstheorie und sind physikalisch exakt in dem Sinne, dass sie die endliche Lichtgeschwindigkeit (somit die endliche Lichtlaufzeit) und den Searchlight-Effekt berücksichtigen.

Experiment Nr. 2

Darf ich dich zu einem zweiten Experiment einladen, das du auch wieder selbst durchführen kannst? Keine Sorge, es geht dieses Mal überhaupt nicht technisch zu: Wir benötigen weder eine Digitalkamera noch eine Fernbedienung. Sportlich wollen wir uns betätigen und dabei zugleich unserem Körper etwas Gutes tun. Für das Experiment *Joggen im Schnee* brauchst du nur, was auf folgender Liste steht:

• lockere Kleidung,
• ein Paar Turnschuhe,
• einen möglichst windstillen Tag, an dem es schneit.

Wir wollen nämlich hinaus in den Schnee und beobachten, wie die Schneeflocken zu Boden fallen. Ich freue mich immer riesig, sobald die ersten Schneeflocken zu rieseln beginnen. Solltest du dich beim Lesen dieses Buches gerade nicht in der winterlichen Jahreszeit befinden, so tut es natürlich auch ein Tag mit Nieselregen. Wichtig ist aber, dass es möglichst windstill ist, damit die Schneeflocken oder die Regentropfen senkrecht zu Boden fallen.

Was passiert, wenn du nun anfängst, durch den Schnee oder den Nieselregen zu joggen? Ich schlage vor, dass du es einfach selbst ausprobierst. Lege dieses Buch zur Seite, ziehe lockere Kleidung und ein Paar Turnschuhe an und gehe raus an die frische Luft! Versuche bitte, einzelne Schneeflocken oder Regentropfen zu beobachten, während du joggst. Fallen diese immer noch senkrecht vor dir zu Boden? Oder hast du eher den Eindruck, dass sie sich schräg von vorne auf dich zubewegen? Trägst du vielleicht eine Brille? Dann beobachte doch mal, ob einzelne Schneeflocken oder Regentropfen vor deinen Brillengläsern senkrecht zu Boden fallen oder ob sie schräg von vorne auf deine Brille treffen. Bei genauer Beobachtung nimmst du als Joggerin in der Tat wahr, dass sich die Schneeflocken schräg von vorne auf dich zubewegen.

Abb. 17a: Lucy beobachtet dich und fallende Schneeflocken

Abb. 17b: Du beobachtest Lucy und fallende Schneeflocken

Wunderst du dich, warum ich in den beiden Abbildungen 17a und b manches **rot** und anderes **grün** gemalt habe? Im Kapitel *Unsere materielle Welt* hatten wir auch schon andere **rot**-**grüne** Abbildungen betrachtet. Wie bei der Verkehrsampel soll **Rotes** bedeuten, dass es stillsteht, wogegen **Grünes** sich bewegt. Demnach ist die **rote** Person in Abbildung 17a eine ruhende Passantin. Hier sind alle Bewegungen aus ihrer Sicht dargestellt, auch bezeichnet als das *Ruhesystem* der Passantin. Weil sich die Joggerin und die Schneeflocken in diesem System bewegen, sind sie **grün** gefärbt.

Ganz im Gegensatz dazu zeigt Abbildung 17b die gleiche Szene aus der Sicht der Joggerin, also in deren Ruhesystem. Die Joggerin trägt jetzt ein **rotes** Kleid, weil sie sich in ihrem eigenen Ruhesystem immer in Ruhe befindet, auch wenn sie sich natürlich relativ gegenüber ihrer Umgebung bewegt. Die Joggerin hat aber den Eindruck, dass sich die Passantin und die Schneeflocken auf sie zubewegen, weshalb nun sowohl die Passantin als auch die Schneeflocken in **Grün** dargestellt sind.

Schaue dir bitte die **rot**-**grünen** Abbildungen 17a und b nochmals ganz genau an und lies dir die beiden letzten Absätze in Ruhe durch, bevor du mit der Lektüre dieses Kapitels fortfährst. Bist du jetzt gut vertraut mit dieser Art der Farbgebung? Falls du doch irgendwann einmal unsicher werden solltest, denke einfach an eine **rote** beziehungsweise **grüne** Verkehrsampel.

Wie aber lautet denn nun das höchst interessante Ergebnis unseres Experiments? Offensichtlich fallen sowohl Schneeflocken als auch Regentropfen bei Windstille nur für die ruhende Passantin senkrecht vom Himmel. Für die Joggerin bewegen sich die Schneeflocken oder die Regentropfen schräg von vorne auf sie zu, wie es in Abbildung 17b illustriert ist. Doch wie kommt es eigentlich dazu, dass die Joggerin einen derartigen Schrägeinfall der Schneeflocken oder der Regentropfen registriert? Das hat seine Ursache darin, dass wir im Ruhesystem der Joggerin die gesamte Relativbewegung von Joggerin und Schneeflocken in die Schneeflocken hineinprojizieren müssen. Hierbei ist sowohl die senkrechte Eigenbewegung der Schneeflocken zu berücksichtigen als auch die waagerechte Eigenbewegung der Joggerin.

Solltest du diesen Versuch aufgrund der Jahreszeit nur im Nieselregen und nicht im Schnee durchführen können, musst du sehr schnell

joggen – eigentlich sogar rennen –, um den in Abbildung 17b illustrierten Schrägeinfall tatsächlich beobachten zu können. Kompakte Regentropfen fallen nämlich wegen ihres viel geringeren Luftwiderstands deutlich schneller vom Himmel als ihre verfrorenen Genossen, die ausgedehnten Schneeflocken.

In diesem Experiment haben wir eine einfache Analogie zum Searchlight-Effekt diskutiert: Das Joggen entspricht dem Flug über das Sonnenblumenfeld, und die Schneeflocken oder die Regentropfen stehen für die vielen Lichtstrahlen, die wir bei einem solchen Flug wahrnehmen würden. Der wichtigste Unterschied besteht darin, dass Lichtstrahlen nicht nur senkrecht vom Himmel »fallen«, sondern aus allen Raumrichtungen zum Beobachter gelangen. Weil beim Searchlight-Effekt alle Lichtstrahlen eine zusätzliche Komponente zum Beobachter hin erhalten, wie auch die senkrecht fallenden Schneeflocken, registriert der Beobachter als Ergebnis ein vorwiegend von vorn kommendes – also gebündeltes! – Licht.

So, wahrscheinlich bist du beim Joggen ins Schwitzen geraten. Deshalb empfehle ich dir zunächst ein kleines Duschbad, bevor du mit dem Lesen fortfährst. Eine solche Entspannung hast du dir auch verdient, denn das wissenschaftliche Fundament für die Grundaussagen dieses Buches haben wir inzwischen gelegt. Übrigens ist eine kurze Lesepause auch deshalb angebracht, weil wir den Searchlight-Effekt gleich in einem ganz anderen Licht erscheinen lassen werden.

Licht hat die Menschheit schon immer fasziniert. Wohl kaum jemand erliegt nicht dem zauberhaften Farbenspiel eines Sonnenuntergangs am Meer. Trotz aller wissenschaftlichen Forschungen hat das Licht seinen poetischen Reiz behalten. Aber Licht verbindet nicht nur Wissenschaft und Poesie, sondern ist auch – so scheint es – ein Mittler zwischen Leben und Tod. Bis hierher war unser Vorgehen ausschließlich am Weltbild der modernen Physik orientiert. In den nun folgenden Kapiteln wollen wir die Zügel der naturwissenschaftlichen Betrachtungsweise ein wenig lockern, um auch spekulative Größen wie die Seele einbeziehen zu können. Ausgewogenes, ganzheitliches Denken ist nur möglich, wenn wir *gleichberechtigt* zur Physik auch die Sterbeforschung und die Theologie zu Wort kommen lassen.

Der Übergang ins Jenseits

Rückspiel mit Überraschung

Das Tunnelerlebnis

Kinder haben noch eine unbeschwerte Einstellung zum Tod. Sie sind sich ganz sicher, dass sie ihre lieben Großeltern eines Tages im Himmel wiedersehen werden. Zweifelst du gelegentlich oder vielleicht generell daran, dass das Leben nach dem körperlichen Tod weitergeht? Wenn ja, dann möchte ich dir gerne folgende kleine Geschichte erzählen, die im Volksmund kursiert:

Es geschah, dass in einem Schoß Zwillingsbrüder empfangen wurden. Wochen vergingen, die Knaben wuchsen heran. In dem Maße, in dem sich ihr Bewusstsein erweiterte, wuchs die Freude: »*Sag, ist es nicht großartig, dass wir empfangen wurden? Ist es nicht wunderbar, dass wir leben?*« *Die Zwillinge begannen, ihre Welt zu entdecken. Und als sie die kostbare Schnur vorfanden, die sie mit ihrer Mutter verband und die ihnen die Nahrung gab, da sangen sie vor Freude:* »*Wie groß ist die Liebe unserer Mutter, dass sie ihr eigenes Leben mit uns teilt!*«

Als aber die Wochen vergingen und schließlich zu Monaten wurden, merkten sie plötzlich, wie sehr sie sich verändert hatten. »*Was soll das bedeuten?*«*, fragte der eine.* »*Das heißt*«*, antwortete der andere,* »*dass unser Aufenthalt in dieser Welt bald seinem Ende zugeht.*« *–* »*Aber ich will gar nicht gehen*«*, erwiderte der eine,* »*ich möchte immer hierbleiben.*« *–* »*Wir haben keine andere Wahl*«*, entgegnete der andere,* »*aber vielleicht gibt es ein Leben nach der Geburt!*« *–* »*Wie könnte dies sein?*«*, fragte zweifelnd der erste,* »*wir werden unsere Lebensschnur verlieren, und wie sollten wir ohne sie leben können? Und außerdem haben andere vor uns diesen Schoß hier verlassen. Niemand von ihnen ist zurückgekommen und hat uns gesagt, dass es ein Leben nach der Geburt gibt. Nein, die Geburt ist das Ende!*«

So fiel der eine von ihnen in tiefen Kummer und sagte: »*Wenn die Empfängnis mit der Geburt endet, welchen Sinn hat dann überhaupt das Leben im Schoß? Es ist sinnlos. Womöglich gibt es gar keine Mutter hinter allem.*« *–* »*Aber sie muss doch existieren*«*, protestierte der andere,* »*wie sollten wir sonst hierhergekommen sein? Und wie könnten wir am Leben bleiben?*« *–* »*Hast du denn je unsere Mutter gese-*

hen?«, fragte der eine. »Womöglich lebt sie nur in unserer Vorstellung. Wir haben sie uns erdacht, weil wir dadurch unser Leben besser verstehen können.«

Und so waren die letzten Tage im Schoß der Mutter gefüllt mit sehr vielen Fragen und großer Angst. Schließlich kam der Moment der Geburt. Als die Zwillinge ihre Welt verlassen hatten, öffneten sie die Augen und schrien. Was sie sahen, übertraf ihre kühnsten Erwartungen und Träume.

Kann uns diese Parabel etwas mitteilen über ein mögliches Leben nach dem Tod? Ich denke, ja. Vielleicht nicht über den Sinn von Leben und Tod, aber zumindest doch über unsere begrenzte Erkenntnisfähigkeit! Es wäre unklug, die Geburt nur deshalb als *das Ende* zu bezeichnen, weil wir uns im Mutterleib noch kein Danach vorstellen können. Als Geborene wissen wir sehr wohl, dass der Geburtskanal keineswegs eine Sackgasse ist, sondern eine Tür – die Tür ins irdische Leben! Genauso töricht wäre es allerdings, den körperlichen Tod nur deshalb als *das Ende* zu betrachten, weil wir uns im Diesseits kein Danach vorstellen können.

Bist du aufgrund dieser Gedanken – und zumindest für den Rest des Buches – bereit, den körperlichen Tod nicht mit *dem Ende* gleichzusetzen? Kannst du dir somit – wenn auch vielleicht unter Vorbehalt – vorstellen, dass es so etwas wie ein Jenseits gibt? Eine interessante Frage wäre doch, wie der Übergang vom Diesseits ins Jenseits vollzogen werden könnte. Oder anders ausgedrückt: Wie der *Geburtskanal ins Jenseits* beschaffen sein könnte. Ich möchte betonen, dass wir hier nur über den Übergang ins Jenseits philosophieren, wie es bereits das Thema dieses dritten Buchabschnitts andeutet. Wir sprechen nicht über das Jenseits selbst; denn letzteres entzieht sich unserer menschlichen, durch Raum und Zeit begrenzten Erkenntnisfähigkeit. Und ich glaube, das ist auch gut so!

Viele berühmte Künstler haben bereits versucht, den Übergang ins Jenseits bildlich darzustellen. Einer davon war der Maler Hieronymus Bosch mit seinem bekannten Gemälde *Der Aufstieg in das himmlische Paradies* (siehe Abbildung 18). Es zeigt, wie mehrere Menschen von Engeln zunächst nach oben und dann durch einen Tunnel begleitet werden, an dessen Ende ein sehr helles Licht erstrahlt.

Abb. 18: Der Aufstieg in das himmlische Paradies.
Tafel der vier Jenseits-Darstellungen (Hieronymus Bosch)

Handelt es sich bei dem Motiv in Abbildung 18 nur um eine fiktive Vision des Künstlers? Hören wir den Menschen zu, die während einer Nahtoderfahrung einen vergleichbaren Tunnel durchquert haben. Beispielsweise wurde die damals 20-jährige Beverly ebenfalls von einem Engel begleitet. Ihre Schilderung liest sich fast schon wie eine professionelle Interpretation des Gemäldes von Hieronymus Bosch:

»Jetzt richtete sich meine ganze Aufmerksamkeit direkt nach oben, zu einer großen Öffnung, die auf einen runden Korridor zuführte. Obwohl er offenbar sehr lang war, schien von der anderen Seite ein weißes Licht hindurch und ergoss sich in das Dunkel auf der Seite mit der Öffnung. Es war das hellste Licht, das ich je gesehen hatte, obwohl ich nicht erkennen konnte, wie viel von seinem Glanz verdeckt war. Der Pfad führte schräg nach rechts oben, und ich wurde, immer noch Hand in Hand mit dem *Engel,* in die Öffnung des kleinen, dunklen Korridors hineingeführt. Dann reiste ich eine große Entfernung nach oben auf das Licht zu.«[8]

Auch Dean hatte bereits im Alter von 16 Jahren ein Nahtoderlebnis mit einem Engel: »Plötzlich merkte ich, wie ich aufstand und durch einen sehr weiten Tunnel fuhr. Ich konnte keine Wände erkennen, aber ich hatte das Gefühl, dass es ein Tunnel war. Die Geschwindigkeit, mit der ich mich fortbewegte, erschien mir sehr hoch … Hier merkte ich auch, dass mich jemand begleitete. Er war etwa sieben Fuß [etwa 2,10 Meter] lang und trug ein langes weißes Gewand, das durch einen einfachen Gürtel in Höhe der Hüfte zusammengehalten wurde. Er hatte **goldenes** Haar. Obwohl er schwieg, fürchtete ich mich nicht, weil er Liebe und Frieden ausstrahlte. Nein, er war nicht Christus, aber ich wusste, Christus hatte ihn gesandt. Wahrscheinlich war er ein *Engel …,* der mich in den Himmel führen sollte.«[9]

Neben den Engeln stellt der Tunnel das zentrale Element in Abbildung 18 dar. In diesem Kapitel habe ich zwei weitere, große Überraschungen für dich parat. Die erste davon betrifft genau das Tunnelerlebnis, und vielleicht kannst du nach der bisherigen Lektüre des Buches erahnen, worum es mir geht: Mit Hilfe des Searchlight-Effekts lassen sich Bilder berechnen, die den Tunnelerlebnissen während einer Nahtoderfahrung auffallend ähnlich sind. Bitte blättere doch nochmals zu den Abbildungen 16a bis f zurück. Auch dort formt sich aus dem Dunkel heraus ein Tunnel, an dessen Ende ein sehr helles Licht immer

größer wird, in das die beobachtende Person schließlich »eintaucht«. Natürlich kommen in der speziellen Relativitätstheorie keine Engel vor; dennoch fällt die Gemeinsamkeit sofort auf und geht – jedenfalls bei mir – bis tief unter die Haut. Einige Nahtoderfahrene, denen auf dem Searchlight-Effekt basierende Bilder vorgelegt wurden, haben die große Übereinstimmung mit dem eigenen Tunnelerlebnis eindrucksvoll bestätigt. Spontan äußerte sich eine Betroffene wie folgt: »Ja, das deckt sich mit dem, was ich erlebt habe. Ich habe das eigentlich ganz genauso gesehen. Vielleicht noch ein bissl strahlender, noch ein bissl schöner, sagen wir es mal so. Aber dieser Lichteffekt und dieser Tunnel – also das stimmt 100 Prozent mit dem überein, wie ich das auch gesehen habe … Ich kann nur sagen: Ja, so ist es.«[10]

Die Übereinstimmung mit den Nahtoderfahrungen ist deshalb so überzeugend, weil sehr vielen Schilderungen zufolge das Tunnelerlebnis mit dem Gefühl einer extrem hohen Geschwindigkeit verbunden ist. Häufig wird sogar nicht nur von einem »Schnell-Sein«, sondern von einem »Schneller-Werden« berichtet, also einer physikalischen *Beschleunigung!* Auf dieser Erfahrung gründet letztendlich auch mein Axiom, denn hierbei handelt es sich um einen äußerst wertvollen Hinweis darauf, dass unsere Seele mit dem körperlichen Tod beschleunigt wird. Darüber hinaus ist dieses Indiz auch glaubwürdig, weil es immer wieder in Nahtodberichten auftaucht – vollkommen unabhängig von Herkunft, Bildung oder Religion der betroffenen Person! Etwas wissenschaftlicher formuliert: Wir können feststellen, dass die Gemeinschaft der Nahtoderfahrenen das Gefühl der Beschleunigung – wenn auch unbeabsichtigt – bereits sehr oft reproduziert hat.

Das nun folgende Zitat aus einem Nahtodbericht bildet gewissermaßen das Sahnehäubchen für mein Axiom; denn es schildert nicht nur das Gefühl vom »Schneller-Werden«, sondern enthält sogar wörtlich den Begriff der Lichtgeschwindigkeit. Aber auch der darin beschriebene, immer größer werdende Lichtpunkt entspricht in wirklich bemerkenswerter Weise unseren Abbildungen 16a bis f: »Es war wie ein Tunnel … Ich schien immer schneller zu werden … Ich hatte ein Gefühl, als würde ich mich *mit Lichtgeschwindigkeit* durch das Dunkel bewegen, und ganz weit weg, in der Ferne, sah ich einen kleinen Lichtpunkt, der allmählich größer zu werden schien; irgendwie wusste ich, dass das mein Ziel war.«[11]

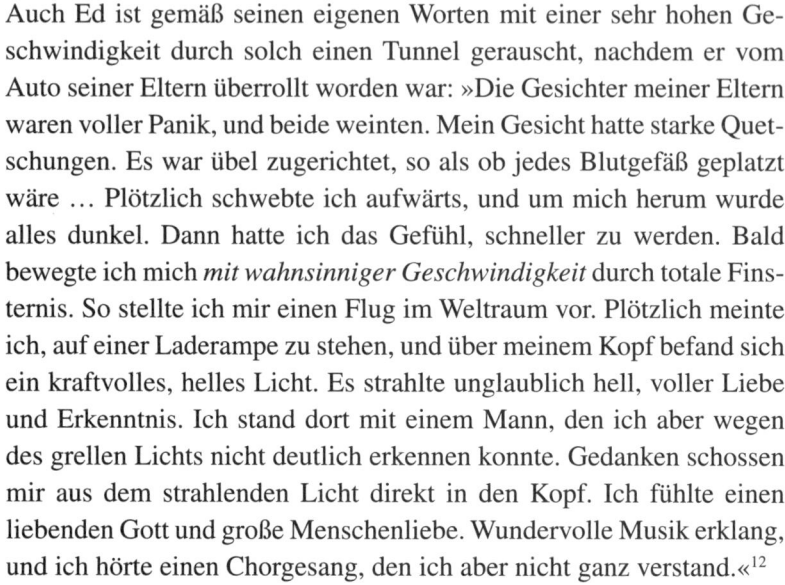

Auch Ed ist gemäß seinen eigenen Worten mit einer sehr hohen Geschwindigkeit durch solch einen Tunnel gerauscht, nachdem er vom Auto seiner Eltern überrollt worden war: »Die Gesichter meiner Eltern waren voller Panik, und beide weinten. Mein Gesicht hatte starke Quetschungen. Es war übel zugerichtet, so als ob jedes Blutgefäß geplatzt wäre … Plötzlich schwebte ich aufwärts, und um mich herum wurde alles dunkel. Dann hatte ich das Gefühl, schneller zu werden. Bald bewegte ich mich *mit wahnsinniger Geschwindigkeit* durch totale Finsternis. So stellte ich mir einen Flug im Weltraum vor. Plötzlich meinte ich, auf einer Laderampe zu stehen, und über meinem Kopf befand sich ein kraftvolles, helles Licht. Es strahlte unglaublich hell, voller Liebe und Erkenntnis. Ich stand dort mit einem Mann, den ich aber wegen des grellen Lichts nicht deutlich erkennen konnte. Gedanken schossen mir aus dem strahlenden Licht direkt in den Kopf. Ich fühlte einen liebenden Gott und große Menschenliebe. Wundervolle Musik erklang, und ich hörte einen Chorgesang, den ich aber nicht ganz verstand.«[12]

Tunnel – Beschleunigung – hohe Geschwindigkeit – ein immer größer und heller werdendes Licht – die frappante Übereinstimmung mit dem Searchlight-Effekt: Wunderst du dich, weshalb noch keiner vor mir auf diese doch sehr schlüssige Gedankenkette gekommen ist? Auch ich weiß es nicht. Dabei liegen die Zusammenhänge auf der Hand, wenn man bereit ist, über den eigenen Tellerrand hinauszuschauen, und neben wissenschaftlichen Erkenntnissen und religiösen Schriften auch die vielen inzwischen bekannten Sterbeerlebnisse berücksichtigt, anstatt letztere zu ignorieren oder zu diskreditieren. Nahtoderfahrene berichten übereinstimmend, dass der Tod nicht ins Dunkel führt, sondern ins Licht. Vielleicht war die Zeit einfach reif, derartige Gedanken zu sammeln und aufzuschreiben?

Ist mir damit meine bereits angekündigte Überraschung gelungen? Wenn ja, dann darfst du dich schon einmal darauf freuen, was uns gleich noch so alles erwarten wird. Wenn nicht, dann möchte ich versuchen, dich mit einer anderen Erkenntnis zu verblüffen. Ich habe nämlich noch ein sehr hochkarätiges Indiz dafür gefunden, dass Nahtoderfahrungen ernstzunehmende Hinweise auf ein Leben nach dem Tod sind. Dieses Indiz hat eine dermaßen große Überzeugungskraft, dass wir es schon fast als einen Beweis betrachten können. Neugierig geworden?

Ganz konkret geht es darum, wer neben Gott und den Engeln sonst noch in den Nahtoderfahrungen auftaucht. Ich selbst habe inzwischen bereits Hunderte von Nahtodberichten gelesen und ausgewertet. In allen mir bekannten Fällen ist ab dem Moment der Lichterfahrung nur noch von bereits Verstorbenen die Rede. Bitte mache dir genau diese Tatsache einmal richtig bewusst: In allen Sterbeerlebnissen treten ab jenem Moment – und ganz im Gegensatz zu einem Traum! – nur noch bereits Verstorbene auf. In keinem einzigen Fall verweilt ein Lebender unter ihnen. Warum ist das so? Ist diese Feststellung nicht höchst merkwürdig?

Du und ich wissen sehr wohl, dass Menschen außerordentlich gute Geschichtenerfinder sind. Wir Menschen neigen dazu, gerne Geschichten zu erzählen und diese auszuschmücken. Sollten Nahtoderfahrungen nur auf Halluzinationen oder Fehlfunktionen des Gehirns beruhen, warum würde dann nicht wenigstens ein Betroffener auf die Idee kommen, seinem vielleicht noch lebenden Partner, seinen Kindern oder besten Freunden zu begegnen? Oder provokanter gefragt: Wenn du dir eine Geschichte über eine Nahtoderfahrung ausdenken solltest, würdest du sie dann nicht auch mit den Menschen ausschmücken, die dir am wichtigsten sind, auch wenn diese noch leben? Mal ehrlich. Ich würde es mit Sicherheit tun. Und genau diese Erkenntnis zeigt mir, dass den Nahtoderfahrungen tatsächlich etwas wirklich Erlebtes zugrunde liegen muss.

Wenn ich diese Gedanken zusammenfasse, komme ich zu folgendem Schluss: Allein die Tatsache, dass in den Nahtodberichten ab dem Moment der Lichterfahrung nur bereits Verstorbene auftauchen, lässt sie in meinen Augen extrem glaubwürdig erscheinen. Diese Erkenntnis ist nicht so neu, wird allerdings oft übersehen. Der bekannte Nahtodforscher Günter Ewald stellt beispielsweise gleich an zwei Stellen in seinem lesenswerten Buch *Nahtoderfahrungen* fest: »Das stimmt mit der allgemeinen Beobachtung überein, dass in der Lichtvision eines Nahtoderlebnisses ausnahmslos Personen wahrgenommen werden, die bereits verstorben sind.«[13] Außerdem schreibt er: »Das bestätigt die durchgehende Beobachtung, dass in Nahtodvisionen nur bereits verstorbene Verwandte und Freunde gesehen werden.«[14]

Die folgende Schilderung belegt, dass während einer Nahtoderfahrung zunächst noch lebende Personen aus der unmittelbaren Umgebung (nämlich die Chirurgen) wahrgenommen werden, dass aber ab dem Moment der Lichterfahrung nur noch bereits Verstorbene (nämlich der

Schwager) auftauchen: »Die Chirurgen waren verzweifelt. Alles war **blutrot**, ihre Kleider, der Boden, und auch in der jetzt weit geöffneten Bauchhöhle war eine leuchtend **rote** Blutlache zu sehen. Ich begriff nicht, was da unten vor sich ging. Ich begriff in diesem Augenblick nicht einmal, dass der Körper, der dort bearbeitet wurde, meiner war … Dann reiste ich in ein anderes Reich. Dort herrschte absoluter Friede; es gab keinen Schmerz, sondern nur ein wohliges Gefühl in einem warmen, dunklen, weichen Raum. Ich war umgeben von absoluter Glückseligkeit in einer Atmosphäre bedingungsloser Liebe und vollkommenen Angenommenseins. Die Dunkelheit war wunderschön, und sie erstreckte sich endlos. Diese Freiheit totalen Friedens war stärker als die größte Ekstase, die man auf Erden je erfahren könnte. In der Ferne sah ich einen Horizont aus weißlich-**gelblichem** Licht. Es fällt mir schwer zu beschreiben, wo ich war, denn die Worte, die uns hier auf dieser Ebene zur Verfügung stehen, reichen dafür nicht aus. Ich bewunderte die Schönheit dieses Lichts, kam ihm jedoch nicht näher, denn als nächstes spürte ich, dass sich etwas von rechts oben mir näherte. Dann entdeckte ich, dass es mein 30-jähriger Schwager war, der vor sieben Monaten gestorben war, und damit wuchs mein Gefühl von Glück und Frieden sogar noch an.«[15]

Ich kenne einen einzigen Bericht, der zunächst die Erkenntnis zu widerlegen scheint, dass ab dem Moment der Lichterfahrung nur noch bereits Verstorbene auftauchen, sie aber dann umso eindrucksvoller bestätigt. Es geht um Renates Nahtoderfahrung: »Aus dem Hintergrund der Bäume kamen bekannte Verstorbene sowie unbekannte zum Vorschein. Die Gesichter der Verstorbenen waren gut zu erkennen, ihre Körper in schwebende Gewänder gehüllt. Fast alle schauten sehr freundlich, einige sehr uninteressiert. Sie schwebten aus ihrer [Renates] Sicht ziellos hin und her.«[16] Dann trifft Renate plötzlich und unerwartet auf ihre Tante Cilla: »Du auch hier?« Die noch lebend geglaubte Tante Cilla lächelt neben Renates Vater, der schon vor längerer Zeit gestorben war. Erst später stellte sich heraus, dass Tante Cilla unmittelbar vor Renates Nahtoderlebnis gestorben ist, Renate aber zu jenem Zeitpunkt noch keine Kenntnis davon haben konnte.

Also, wenn du mich jetzt nach diesen Schilderungen fragst: »Ob es wohl jemals ein Wiedersehen mit Verstorbenen geben wird?«, dann antworte ich: »Ja, ich bin sogar davon überzeugt.« Allerdings wird das Wiedersehen wohl in der Form eines gemeinsamen Seins und Wissens bestehen und *nicht* in der Wahrnehmung eines »Gegenübers«. Denn in einer Welt, die nur den Verstorbenen vorbehalten ist, gibt es – wie wir bald feststellen werden – weder Raum noch Zeit, folglich weder Raum für ein Gegenüber noch Zeit für eine Wahrnehmung: An diesem neuen Gedanken bin ich persönlich enorm gereift, ermöglicht er doch eine positive Grundeinstellung zum Tod.

Anschließend möchte ich nun auf ein wichtiges Phänomen zu sprechen kommen, das naturgemäß allen Nahtoderfahrungen zugrunde liegt. Es geht darum, dass kein einziger Nahtoderfahrener jemals die allerletzte Grenze oder Schranke ins Jenseits passiert haben kann; denn sonst hätte er niemals von seinem Erlebnis berichten können. In sehr viclen Schilderungen taucht eine solche, alles entscheidende Grenze auf: Nur solange sie nicht überwunden wird, ist die Rückkehr ins irdische Leben möglich. Interessanterweise lässt sich mit meinem Axiom auch hierfür eine schlüssige Erklärung finden. In der speziellen Relativitätstheorie gelten alle Bezugssysteme als gleichwertig, die sich mit einer konstanten Geschwindigkeit kleiner als die Lichtgeschwindigkeit relativ zueinander bewegen. Keines dieser Bezugssysteme ist gegenüber einem anderen ausgezeichnet. Zwischen ihnen können wir folglich beliebig hin und her wandeln, wobei Raum und Zeit keine absoluten Größen sind, sondern in jedem System anders gemessen werden. Auch jede Geschwindigkeit kleiner als die Lichtgeschwindigkeit ist nur relativ, weil ihr Wert von der Wahl eines Bezugssystems abhängt. Beispielsweise hat die **rote** Passantin in Abbildung 17a (also in ihrem eigenen Ruhesystem) die Geschwindigkeit null, doch in Abbildung 17b (im Ruhesystem der Joggerin) hat sie eine von null verschiedene Geschwindigkeit und trägt dort deshalb ein **grünes** Kleid. Wie wir bereits im Kapitel *Unsere materielle Welt* diskutiert haben, gibt es im physikalischen Weltbild tatsächlich nur eine einzige absolute Geschwindigkeit, welche zugleich die obere Grenze für alle Transportgeschwindigkeiten darstellt: die Lichtgeschwindigkeit!

Und genau hier besteht eine sehr auffällige Parallele zur Grenze ins Jenseits, wie sie in vielen Nahtoderfahrungen auftaucht: Solange die Seele noch nicht die Lichtgeschwindigkeit erreicht hat, bewegt sie sich relativ zu dem von ihr verlassenen Körper. Sie befindet sich somit nur in einem anderen Bezugssystem und kann in ihren materiellen Körper zurückkehren. Der endgültige Übergang wird exakt dann vollzogen, wenn die Seele Lichtgeschwindigkeit erreicht, weil nur diese Geschwindigkeit absolut ist und keine Rücktransformation mehr erlaubt. Die Lichtgeschwindigkeit ist eine physikalische Grenze, da sie vom materiellen Körper nicht erreicht werden kann, wohl aber von einer masselosen Seele. Also lässt sich der Übergang vom Diesseits ins Jenseits auch anders charakterisieren: Er findet statt, indem die Seele von einer Bewegung langsamer als Licht übergeht in eine Bewegung mit Lichtgeschwindigkeit. Letztere ist eine natürliche Barriere oder Tür für die Seele. Doch wofür gibt es Türen? Um sie zu öffnen! Die eigene Erfahrung lehrt uns, dass Türen immer irgendwo hinführen. Ich kenne keine Tür, hinter der nichts ist. Die Lichtgeschwindigkeit ist unsere einzige Möglichkeit, der materiellen Welt zu entkommen. Genau diese Gedanken enthält mein Axiom.

Wie aber beschreiben die Nahtoderfahrenen jene Grenze, deren Überwindung den körperlichen Tod so endgültig macht? Die damals 36-jährige Cornelia weiß zu berichten: »Am 13.2.1995 hatte ich einen Schlaganfall. Drei Tage später, als sich in meiner rechten Hirnhälfte Wasser bildete, kam ich mit dem Hubschrauber nach Heidelberg, wo ich operiert wurde. Ich wurde ins künstliche Koma gelegt. Kein Arzt hat daran geglaubt, dass ich überleben werde. Nach einigen Tagen haben die Ärzte beschlossen, die Medikamente zu reduzieren; ich sollte langsam aufwachen. Aber vorher hatte ich noch ein seltsames Erlebnis. Ich ging durch einen dunklen Tunnel. Je näher ich zu dem Tunnelausgang kam, desto heller wurde es. Als ich unter dem Tunnelausgang stand, sah ich etwas Wunderschönes. Auf einer Wiese mit wunderschönen Blumen tanzten viele Menschen, die weiße Kleider anhatten. Ich stand da und schaute wie gebannt zu. Ich wäre am liebsten zu ihnen gegangen, weil bei den tanzenden Menschen alles so friedlich aussah. Auf einmal sprach mich ein Mann an, der links vor dem Tunnelausgang stand; er sah aus wie mein Vater, den ich nur von Bildern her kenne, da er gestorben ist, als ich vier Jahre alt war. Er sagte zu mir: Du darfst nicht aus dem Tunnel herausgehen, sonst kommst du nie mehr zurück. Kehre um, du wirst noch gebraucht, es gibt viele Menschen, die dich lieben, und du hast in deinem Leben noch Aufgaben zu erfüllen. Ich bin dann den Tunnel wieder zurückgegangen, obwohl es auf der anderen Seite schöner gewesen wäre.«[14]

Auch der folgende Text thematisiert jene Grenze, weil es wohl keinen Weg mehr rückwärts durch den Tunnel gibt, falls dieser am anderen Ende verlassen wird: »Ich kann mich nicht an den Beginn erinnern,

aber nach kurzer Zeit befand ich mich in einem **schwarzen** Tunnel. Nicht ein Geräusch war zu hören ... als ein winziger Lichtfleck vor mir auftauchte. Als ich weiterkam, vergrößerte sich der Fleck. Ich dachte, dass es gut wäre, nicht zurückzukehren, weil ich am Ende etwas entdecken würde ... Dann begann das Lichtermeer. Ich näherte mich dem Ende – vorsichtig, denn das Tunnelende schien auf einer ziemlich hohen Klippe zu liegen. Weil ich nicht durch das Licht hindurchsehen konnte, wusste ich nicht, wie tief ich am Ende des Tunnels fallen würde. Als ich fast das Ende erreicht hatte, genoss ich die schöne Aussicht auf das Lichtermeer. Etwas drängte mich, hineinzuspringen, und ich war überzeugt, dass ich nicht auf den Meeresgrund stürzen würde. Ich dachte, ein Versuch wäre amüsant, aber augenblicklich wurde mir klar, dass ich dann das Tunnelende niemals wiederfinden würde und nach Hause zurückkommen könnte. Ich drehte mich um und machte mich durch den Tunnel auf den Rückweg. Hier endet meine Erinnerung.«[17]

Im Kapitel *Ein wunderschönes, ...* hatte ich dich bereits gebeten, alle Gedanken des Buches stets kritisch – aber konstruktiv – zu hinterfragen. Inhaltlich bietet es sich an dieser Stelle an, dass wir die Bedeutung einer Nahtoderfahrung etwas genauer unter die Lupe nehmen. Hierzu möchte ich den Theologen Hans Küng, einen bedeutenden Denker und Mahner unserer Zeit, zitieren:

»Grundlage ernsthafter Diskussion heute können nur die oft erschütternden, wahrhaftig todernsten Berichte von Wiederbelebten sein, wie sie in der seriösen medizinischen Literatur diskutiert werden. Dass es solche Phänomene gibt, lässt sich aufgrund der zahlreichen Berichte nicht bezweifeln; und es ist Moody und zahlreichen anderen Medizinern durchaus dafür zu danken, dass sie sich dieser wichtigen Forschungsausgabe gestellt und die Tabuisierung des Todes in der Medizin gebrochen haben. Also: Diese im Zusammenhang mit Sterbeerlebnissen vielfach seriös bezeugten Phänomene sind nicht zu leugnen, sondern zu deuten.«[18] Und dann: »Erfahren haben die von Moody und jetzt auch von vielen anderen examinierten ehemaligen Todkranken vielleicht das Sterben, aber sicher nicht den Tod! Sterben und Tod gilt es demnach strikt zu unterscheiden: Sterben – das sind die physisch-psychischen Vorgänge unmittelbar vor dem Tod, die vom Eintreten des Todes unwiderruflich gestoppt werden. Sterben ist also der Weg, der Tod ist das Ziel. Und durch dieses Ziel ist kein einziger der Untersuchten gegangen.«[19]

Wozu ermahnt uns hier Hans Küng? Wir sollten uns immer im Klaren darüber sein, dass Nahtoderfahrungen keine Nachtoderfahrungen sind. Sie können also stets nur Auskunft darüber geben, was unmittelbar vor dem Tod passiert oder wie sich der Übergang vom Leben in den Tod vollzieht. Aber was der Tod ist und wie das Jenseits – wenn es dieses überhaupt gibt – beschaffen ist, kann auch keine Nahtoderfahrung beschreiben. Hans Küng äußert sich dazu folgendermaßen: »Solche Sterbeerlebnisse beweisen für ein mögliches Leben nach dem Tod nichts; denn hier geht es um die letzten fünf Minuten vor dem Tod und nicht um ein ewiges Leben nach dem Tod.«[20] Nahtoderfahrungen können zwar nichts *beweisen,* doch sie können uns wertvolle *Hinweise* geben. So, wie wir Hinweise auf das Klima am Südpol erhalten, wenn wir kurz davor – beispielsweise 100 Kilometer nördlich – eine Wetterstation aufstellen. Deshalb widerlegt die sicherlich zutreffende Ansicht von Hans Küng auch meine eigenen Gedanken nicht, denn diese beiden Denkansätze widersprechen einander nicht. Küngs ernüchternde Feststellung ist mehr als angebracht, gerade um die seriöse Sterbeforschung von der Scharlatanerie abzugrenzen. Zugleich ist es aber auch legitim, dass wir uns ganz ernsthaft überlegen, wie sich die Nahtoderfahrungen mit der Theologie und mit den Naturwissenschaften vereinbaren lassen.

Diese wichtigen Gedanken möchte ich auf dich wirken lassen, während ich noch drei weitere Nahtoderfahrungen zitiere. Passend zum Untertitel des Kapitels habe ich nur solche Berichte ausgewählt, in denen die Begegnung mit dem Licht sehr detailliert beschrieben wird. Besonders plastisch erzählt Peggy, was ihr geschehen ist: »Ich erinnere mich, dass ich nicht wusste, wo ich war, während ich schwebte; aber es ging mir so gut, und das schien mich so sehr zu beschäftigen, dass ich mir keine Gedanken machte. Das heißt so lange, bis ich über meiner linken Schulter ein kleines helles Licht sah. Ich hatte nicht das Gefühl, mich durch einen Tunnel auf das Licht zuzubewegen, sondern ich schwebte einfach ganz heiter in der **Schwärze,** und das Licht kam auf mich zu. Es war rund und wurde sehr schnell immer größer; womöglich bewegte ich mich also doch durch einen Tunnel, aber ohne es zu bemerken. Wie jeder sagt, der dieses Licht gesehen hat – es sieht aus wie das hellste blauweiße Licht, das man sich vorstellen kann, und das noch um das Zehntausendfache vervielfacht. Anfangs hatte ich ein wenig Angst, als es auf mich zukam (oder ich auf es), obwohl es mir nicht in den Augen weh tat,

wie ich geglaubt hatte. Im Gegenteil, je länger ich es ansah, desto mehr faszinierte mich diese Friedfertigkeit. Das Licht war äußerst angenehm; es in mich aufzunehmen war schiere Freude ... Ich wusste auch sofort, dass das nicht einfach nur ein Licht war, sondern dass es lebte! Und ich wusste, dass dieses Lichtwesen Gott war und kein Geschlecht hatte. Außerdem hatte ich das Gefühl, dass das Licht sprach. Es kommunizierte so geistig hochstehend, dass mein Verstand nicht entschlüsseln konnte, was es sagte ... Es war die Energie der reinen Liebe.«[21]

Halt! Erst einmal tief Luft holen und kräftig durchatmen – und jetzt geht es weiter mit Peggys Erlebnis: »Es war, als ob alle materiellen Dinge lediglich Requisiten für unsere Seelen seien, unsere Körper mit eingeschlossen ... Ich hatte an diesem Ort, welcher Art er auch immer sein mag, nicht das begrenzte Bewusstsein, das man auf Erden hat. Du hast das Gefühl, als hättest du 125 Sinne und nicht nur fünf wie sonst. Du kannst ohne jede Anstrengung alles tun, denken, begreifen und ich weiß nicht, was sonst noch alles. Es ist, als hättest du die Fakten unmittelbar vor dir, ohne jedes Risiko einer Falschinterpretation, weil die Wahrheit einfach da ist! Nichts ist verborgen. Kommunikation geschieht, indem du Fragen und Antworten einfach denkst. Gut ausformulierte Gedanken kommen dir wie von selbst in den Sinn. Du weißt, sie rühren von einer anderen Quelle her. Auch eigene Gedanken ließen sich auf diese Art und Weise projizieren. In diesem anderen Reich liegt alles ... einfach vor dir; und das einzige, was du zu tun hast, ist, einfach nur an das zu denken, was du wissen willst, und schon hast du es. Der Geist steht an oberster Stelle. Was mich erstaunte, war meine Fähigkeit, gleichzeitig so viele Dinge zu denken, wie ich wollte. Ich weiß noch, wie verblüfft ich war, als ich merkte, dass ich viele Gedanken gleichzeitig hatte und alles problemlos verstand. Ich sah auch andere erstaunliche Wahrheiten, zum Beispiel als das Licht mir sagte, dass alles Liebe ist – wirklich alles! Ich hatte immer geglaubt, Liebe sei nur ein menschliches Gefühl, das man von Zeit zu Zeit spürt; nie hätte ich geglaubt, dass im wahrsten Sinne des Wortes alles Liebe ist! Ich sah, wie sehr alle Menschen geliebt werden. Und es war sonnenklar, dass das Licht jeden gleichermaßen liebte, ohne Einschränkungen ... Diese Liebe, die ich im Licht erfuhr, war so machtvoll, dass man sie nicht mit irdischer Liebe vergleichen kann, wenngleich diese eine abgeschwächte Version davon ist. Es war, als würde ich in Energieteilchen aus reiner Liebe gebadet.«[22]

Warum habe ich eigentlich ein Sonnenblumenfeld für das Buchcover und für die Simulationen mit dem Searchlight-Effekt gewählt? Viele Nahtoderfahrene haben mir erzählt, sie seien auf einer wunderschönen Blumenwiese gewesen. Auch die 64-jährige Irene hatte so ein Erlebnis bei einem Herzinfarkt: »Auf der Autobahn habe ich entsetzliche Brustschmerzen, falle dem Kollegen ins Steuerrad, ziehe in Richtung Standstreifen, er bremst, und ich reiße die Pkw-Tür auf und falle mit den ganzen Klamotten in den Straßengraben. Ich landete auf dem Bauch, mein Gesicht lag im Dreck. Mir war zum Sterben. Auf einmal waren die Schmerzen wie weggeblasen. Ich sah mich im Dreck liegen, ich sah den Kollegen mich rütteln und schütteln, ich hörte ihn mich anschreien. Ich sehe mich und ihn mit Belustigung aus gehobener Situation an. Mir geht es gut. Ich bin frei. Ich habe keine Schmerzen mehr. Kaum waren diese Gedanken in mir, da zog mich mit ungeheurer Kraft und Geschwindigkeit etwas weg von meinem Körper hinein in ein **schwarzes** Loch. Vorne, ganz weit vorne, sah ich ein helles Licht. Zunächst war es nur ein kleiner Punkt, dann wurde die Lichtquelle immer heller, greller und leuchtender. Ich wurde mit enormer Geschwindigkeit hochkatapultiert, spürte aber keinen Gegendruck oder Wind. Alles ging rasend schnell. Und dann … auf einmal, ganz schnell, war ich hinausgeflutscht auf eine wunderschöne **grüne** Wiese mit lauter **gelben** Blumen. Alles war lichtüberflutet, so weit mein Auge reichte. Es war vergleichbar mit einem wunderschönen in die Unendlichkeit reichenden Gemälde. Zufriedenheit, Ausgeglichenheit und eine nie gekannte Gelassenheit haben in mir Platz genommen. Ich sehe diese Wiese heute noch so vor mir, als wäre ich gestern erst darübergelaufen. Ich fühlte mich unbeschreiblich wohl, beschwingt und von allen Schmerzen befreit. Dieser Zustand hielt aber nicht lange an, auf einmal war ich wieder über mir, sah die Bemühungen meines Kollegen, mich wieder zurück ins Diesseits zu befördern. Ich wollte nicht zurück. Ich empfand alles so friedlich. Auf einmal waren sie wieder da, die zerreißenden Schmerzen. Ich wischte mir den Dreck vom Gesicht, drehte mich um, der Kollege half mir aufzustehen und hievte mich ins Auto. Mein Leben hat sich nach diesem Ereignis zwar nicht grundlegend geändert, aber ich weiß nun, dass das Leben nicht zwangsläufig in einem Sarg endet, sondern dass die Seele irgendwo weiterleben darf. Und noch was: Ich lebe sehr bewusst und gerne auf diesem unserem schönen Planeten, genieße jeden Moment meines

Lebens und will dies auch noch viele Jahre tun. Aber wenn es dann mal sein muss: Ich habe keine Angst mehr vor dem eigenen Tod.«[23]

Dass sich der Tunnel auch als Höhle, Schacht, Rohr, Tal oder sogar Pfad durch einen dunklen Wald offenbaren kann, schildert uns Mellen-Thomas in seinem Bericht: »Es … wurde zu einer Szene mit einem dunklen Wald, hinter dem die Sonne aufging, und da war ein Pfad, der durch den Wald hinausführte. Und ich sah diesen Pfad und dachte: Mann, ich will unbedingt da hinaufgehen. Ich will unbedingt diesen Pfad hinaufgehen. Und ich setzte mich in Bewegung, und plötzlich dachte ich: Oh, ich weiß, was los ist. Ich bin gestorben. Ich weiß, wenn ich diesen Pfad hinaufgehe und bis an den Rand des Waldes und in dieses Licht, dann bin ich tot. Aber es war so friedvoll, und ich fühlte mich so gut. Ich hatte mich noch nie so wohl gefühlt auf diesem Planeten. Also ging ich diesen Pfad hinauf, und das Licht wurde immer größer. Es wurde riesig groß, und ich begann, vergangene Dinge zu sehen, Erinnerungen, so eine Art Lebensrückschau. Und ich sah Dinge, die mich unglücklich machten, und wie schlecht es mir gegangen war und ähnliches, deshalb sagte ich an diesem Punkt Stop, und alles hielt einfach an! Ich war total überrascht. Und plötzlich merkte ich, dass das eine interaktive Erfahrung sein musste, weil ich mit ihr sprechen konnte … Als nächstes war ich also unterwegs zu diesem Licht. Es war ungefähr wie ein Tunnel. Und ich ging auf dieses Licht zu, sagte wieder Stop, und es hielt an. Und ich sagte – ich weiß die Worte nicht mehr genau, aber sinngemäß sagte ich: Ich glaube, ich verstehe, was du bist, aber ich möchte verstehen, was du wirklich bist. So etwa wie: Zeig dich, was ist dieses Licht? Ich habe gehört, es ist Jesus, ich habe gehört, es ist dieses, ich habe gehört, es ist jenes. Und da zeigte sich mir das Licht auf einer Ebene, auf der ich noch nie gewesen war. Ich kann nicht sagen, dass es Worte waren; es war mehr als alles andere, ein sehr lebhaftes telepathisches Verstehen. Ich konnte es fühlen, ich konnte dieses Licht fühlen. Und es reagierte einfach und zeigte sich auf einer anderen Ebene, und die Botschaft war: Ja, für die meisten Menschen – es kommt darauf an, woher man kommt – könnte es Jesus sein oder Buddha oder Krishna, was auch immer. Doch ich fragte: Aber was ist es denn wirklich? Und da veränderte sich das Licht in – das Einzige, was ich Ihnen sagen kann, ist, dass es zu einer Matrix wurde, zu einem Mandala menschlicher Seelen, und was ich sah, war, dass das, was wir unser höheres Selbst nennen, eine Matrix in jedem von uns ist. Es ist auch eine Verbindung zum Ursprung; jeder von uns kommt direkt, als direkte Erfahrung vom Ursprung. Und mir wurde sehr klar, dass alle höheren Selbste als ein Wesen verbunden sind; alle Menschen sind als ein Wesen verbunden, wir sind tatsächlich ein und dasselbe Wesen, verschiedene Aspekte ein und desselben Wesens. Und ich sah dieses Mandala aus menschlichen Seelen. Es war das Schönste, was ich je gesehen habe, ich [seine Stimme zittert], ich ging einfach hinein und [er spricht stockend], es war einfach überwältigend [er hält die Tränen zurück], es war wie alle Liebe, die man sich je gewünscht hat, und es war die Art von Liebe, die heilt und genesen lässt und regeneriert.«[24]

Diese wirklich sehr ergreifende Schilderung vom Übergang ins Jenseits wollen wir zum Anlass nehmen, nochmals über unsere kleine Zwillingsgeschichte am Beginn des Kapitels zu reflektieren. Für Neugeborene ist der Geburtskanal der Mutter eine Art *materieller Tunnel,* der erspürt wird und dessen Durchwandern mit großer Anstrengung verbunden ist. Bitte beachte, dass sich das Wort Materie von dem lateinischen Begriff *mater* (auf deutsch: Mutter) ableitet. Jener materielle Tunnel stellt für uns die Tür ins irdische Leben – nämlich in die Welt der Materie – dar. Im Gegensatz dazu ist der beim Sterben empfundene Tunnel von einer ganz anderen, *immateriellen Art.* Er kann deshalb auch nicht erspürt werden, und sein Durchwandern vollzieht sich gemäß vielen Nahtodberichten mit einer geradezu erstaunlichen Leichtigkeit. Von einer Anstrengung ist nicht mehr die Rede, sondern nur von Frieden und Wohlgefühl. Auf die wenigen Ausnahmen einer zunächst negativen Nahtoderfahrung werden wir noch im Kapitel *Die Schöpfung* zu sprechen kommen. Jedenfalls ist es genau dieser immaterielle Tunnel, welcher die Tür oder den Übergang ins Jenseits bildet.

Wichtiges zum Mitnehmen:
Viele Nahtoderfahrene berichten, sie seien mit sehr hoher Geschwindigkeit durch einen dunklen Tunnel gerauscht und auf ein kleines Licht zugesteuert, das immer größer und heller geworden sei. Mit Hilfe des Searchlight-Effekts lassen sich Bilder berechnen, die eine bestechende Ähnlichkeit mit solchen Tunnelerlebnissen aufweisen. Die Glaubwürdigkeit von Nahtoderfahrungen erhöht sich dadurch, dass ihnen zufolge ab dem Moment der Lichterfahrung ausnahmslos nur noch bereits Verstorbene auftauchen.

Von null auf Lichtgeschwindigkeit

Nahtoderlebnisse und Meditation haben eines gemeinsam: Mit beiden lassen sich Raum und Zeit überwinden. Yoga – eine besondere Form der Meditation – kann sehr aufschlussreich sein und soll uns in diesem Kapitel als ein kleiner Wegweiser dienen.

»Das Hauptthema im Yoga ist letztendlich die zielgerichtete Vereinigung ... mit der Wirklichkeit. Das ist das wirkliche Yogaziel ... Wir müssen die äußeren Hüllen der Objekte entfernen, so wie wir beim Zwiebelschälen eine Schale nach der anderen entfernen, bis wir an die Substanz der Dinge herankommen. Auf diese Art und Weise werden die äußeren Hüllen dadurch schrittweise entfernt, dass man versucht, sich mit jeder Hüllenform zu vereinigen ... was dann ein Auflösen dieser Hülle zur Folge hat ...

Die letzte Sache, die uns verlässt, ist die Vorstellung von Raum und Zeit. Mit all unserem Bemühen wird es uns nicht gelingen, Raum und Zeit aufzulösen, denn sonst würden wir uns selbst auflösen. Unsere Existenz ist nichts anderes als eine Raumzeit-Existenz ... Wir können unsere Grenzen oder unseren unterscheidenden Charakter von Raum und Zeit so lange nicht überschreiten, wie wir als ein wahrnehmendes, erkennendes und meditierendes Bewusstsein außerhalb unseres Meditationsobjektes bleiben oder dieses Objekt in unserem Geist wahrnehmen.

Wenn wir Raum und Zeit überwinden [nicht auflösen!] ... werden wir praktisch allgegenwärtig. Wir durchdringen den Kosmos. Wir sind nicht mehr länger ich oder du; das ist für immer aufgelöst ... Eine große Flut der Freude überschwemmt das innere allgegenwärtige Bewusstsein. Eine undenkbare, unverständliche, nicht nachweisbare, undefinierbare und unfassbare Glückseligkeit explodiert in einem, so als würde man sich alles Wahrnehmbaren, Greifbaren, allen Besitzes auf einen Schlag erfreuen. Eine Freude, die sich weder der reichste Mann der Welt noch der größte Eroberer des Universums erträumen könnte, strömt in den Meditierenden ein, obwohl dieser nicht das Universum besitzt, sondern weil er EINS mit IHM geworden ist. So funktioniert Yoga.«[25]

Motiviert durch diese feinsinnigen Ausführungen über die Meditation beim Yoga möchte ich – die Lucy – dich gerne aus unserer Welt der Raumzeit entführen. Wir wollen nämlich ganz sachlich überlegen, was denn eigentlich mit Raum und Zeit – den beiden zentralen Strukturen unserer materiellen Welt – beim Verlassen des Diesseits passieren würde. Dabei wollen wir uns allerdings wieder nur auf den Übergang vom Diesseits in ein angenommenes Jenseits beschränken.

Der Ausgangspunkt unserer Überlegungen ist die fast schon triviale Feststellung, dass wir Menschen *Zeit* benötigen, um *Raum* zu überwinden, also um einen Teil davon zu durchqueren. Je weniger Zeit wir für eine bestimmte Strecke brauchen, umso höher ist unsere *Geschwindigkeit.* Wir haben bereits gelernt, dass Raum und Zeit relative Größen sind, die vom Bewegungszustand des Beobachters abhängen. Beobachtet man einen bewegten Vorgang, so misst man dafür eine längere Zeitdauer als eine Person, die sich relativ zum Vorgang in Ruhe befindet (Zeitdilatation). Und: Beobachtet man ein bewegtes Objekt, so misst man dafür in Bewegungsrichtung eine kürzere Länge als eine Person, die sich relativ zum Objekt in Ruhe befindet (Längenkontraktion). Das Ausmaß beider Effekte ist von der Geschwindigkeit der Bewegung abhängig. Was aber passiert mit Raum und Zeit, wenn diese Bewegung mit Lichtgeschwindigkeit – also der maximalen Transportgeschwindigkeit – erfolgt? Um diese Frage zu beantworten, wollen wir eine ganz konkrete Szene analysieren: Wir betrachten ein punktförmiges Teilchen – es muss nicht gleich die Seele sein –, das von der Sonne zur Erde fliegt. Sicher stimmst du mir darin zu, dass seine Flugdauer direkt von seiner Geschwindigkeit abhängt; denn je schneller es fliegt, umso früher wird es die Erde erreichen.

Um die weitere Argumentation zu vereinfachen, wollen wir zwei ganz spezielle Ereignisse herausgreifen. Mit dem Ereignis A kennzeichnen wir den Zeitpunkt, an dem das Teilchen die Sonne verlässt. Und mit dem Ereignis B markieren wir den Zeitpunkt, an dem das Teilchen auf die Erde trifft. In Abbildung 19 ist ein solcher Flug für drei verschiedene Geschwindigkeiten des Teilchens dargestellt:

- 8000 m/s (die maximale Geschwindigkeit des Spaceshuttles),
- 259 627 884 m/s (fast 87 Prozent der Lichtgeschwindigkeit),
- 299 792 457 m/s (die Lichtgeschwindigkeit beträgt 299 792 **458** m/s).

Abbildung 19 zeigt uns diese Teilchenflüge im sogenannten *Ruhesystem* von Sonne/Erde, das heißt, Sonne und Erde befinden sich dabei in Ruhe und sind deshalb **rot** umrandet. Es bewegt sich nur das **grün** gefärbte Teilchen. Die Zeitdauer zwischen den beiden Ereignissen A und B – also zwischen Sonnenkontakt und Erdkontakt – verringert sich demnach von circa 217 Tagen auf etwa 500 Sekunden, je nach Geschwindigkeit des Teilchens.

In Abbildung 20 sind die gleichen drei Szenen bei einer Messung im Ruhesystem des Teilchens dargestellt. Eine solche Messung könnte beispielsweise mit Lineal und Uhr erfolgen. Die Arbeitsgruppe um Hanns Ruder hat gezeigt, dass ein bloßes Betrachten aus der Sicht des Teilchens wegen der endlichen Lichtlaufzeit zu ganz anderen geometrischen Verhältnissen führen würde.[26] Nach unserer bisherigen Farbgebung ist das nun ruhende Teilchen **rot** eingefärbt. Dafür entfernt sich jetzt die **grün** umrandete Sonne von dem Teilchen, und die ebenfalls **grün** umrandete Erde nähert sich dem Teilchen. Offenbar verändern sich Raum und Zeit. Bei einer Messung im Ruhesystem des Teilchens sind Sonne und Erde verformt, zwischen ihnen ist der Abstand geschrumpft. Im Ruhesystem von Sonne/Erde dagegen ist die Zeit zwischen den Ereignissen A und B gedehnt. Woran liegt das?

Die entsprechenden Erklärungen haben wir bereits im Kapitel *Unsere materielle Welt* kennengelernt: Aus der Längenkontraktion folgt, dass Sonne und Erde bei einer Messung (nicht beim bloßen Betrachten!) im Ruhesystem des Teilchens nur in Bewegungsrichtung verkürzt sind, was zu ihrer Deformation führt. Außerdem bewirkt die Längenkontraktion, dass der Abstand zwischen Sonne und Erde im Ruhesystem des Teilchens kürzer ist als im Ruhesystem von Sonne/Erde. Dieser Abstand wird umso kürzer, je schneller sich Sonne/Erde und das Teilchen relativ zueinander bewegen. Bei einer Relativgeschwindigkeit von »nur« 8000 m/s ist der Effekt der Längenkontraktion noch kaum wahrnehmbar. Aber bei 259 627 884 m/s halbiert sich bereits der Abstand zwischen Sonne und Erde: von circa 150 Millionen Kilometern im Ruhesystem von Sonne/Erde auf circa 75 Millionen Kilometer im Ruhesystem des Teilchens. Mit steigender Geschwindigkeit nimmt der Abstand im Ruhesystem des Teilchens weiter ab, bis er im Grenzfall der Lichtgeschwindigkeit null beträgt. Dann gibt es für das Teilchen *gar keine Distanz* mehr zwischen Sonne und Erde.

Teilchen fliegt mit 8000 m/s:
Abstand zwischen Sonne und Erde beträgt circa 150 Millionen Kilometer
Zwischen Sonnenkontakt und Erdkontakt vergehen circa 217 Tage

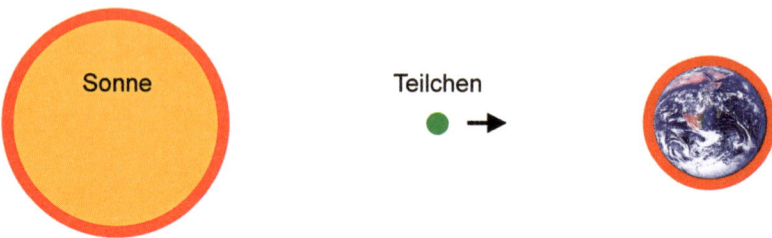

Teilchen fliegt mit 259627884 m/s:
Abstand zwischen Sonne und Erde beträgt circa 150 Millionen Kilometer
Zwischen Sonnenkontakt und Erdkontakt vergehen circa 578 Sekunden

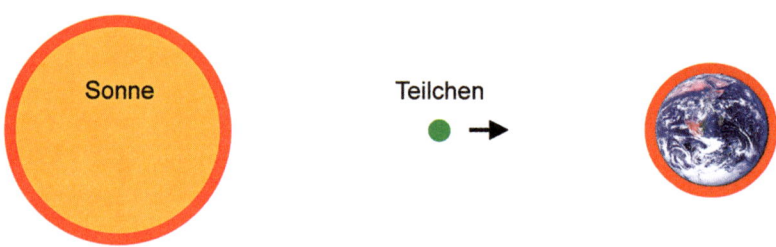

Teilchen fliegt mit 299792457 m/s:
Abstand zwischen Sonne und Erde beträgt circa 150 Millionen Kilometer
Zwischen Sonnenkontakt und Erdkontakt vergehen circa 500 Sekunden

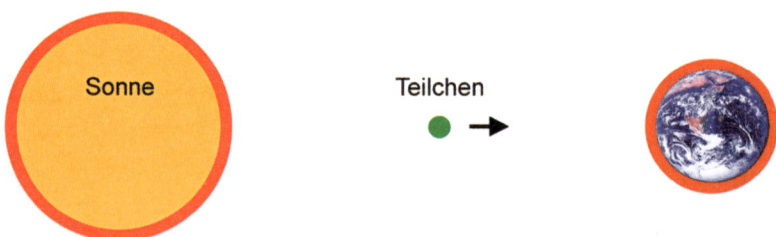

Abb. 19: Teilchen bewegt sich relativ zur ruhenden Sonne/Erde

Sonne und Erde fliegen mit 8000 m/s:
Abstand zwischen Sonne und Erde beträgt circa 150 Millionen Kilometer
Zwischen Sonnenkontakt und Erdkontakt vergehen circa 217 Tage

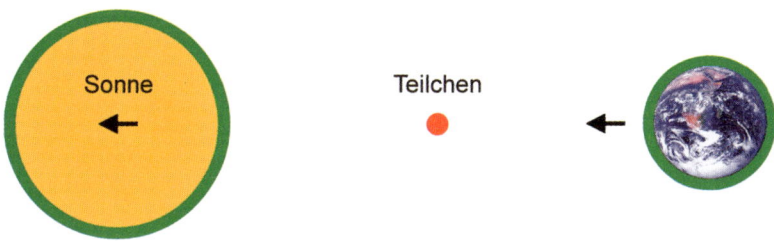

Sonne und Erde fliegen mit 259627884 m/s:
Abstand zwischen Sonne und Erde beträgt circa 75 Millionen Kilometer
Zwischen Sonnenkontakt und Erdkontakt vergehen circa 289 Sekunden

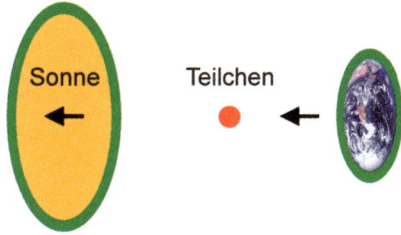

Sonne und Erde fliegen mit 299792457 m/s:
Abstand zwischen Sonne und Erde beträgt circa 12000 Kilometer
Zwischen Sonnenkontakt und Erdkontakt vergehen circa 0,04 Sekunden

Abb. 20: Sonne und Erde bewegen sich relativ zum ruhenden Teilchen

Neben der Längenkontraktion haben wir auch schon ausführlich die Zeitdilatation diskutiert: Sie bewirkt, dass die Zeit zwischen den beiden Ereignissen A und B im Ruhesystem von Sonne/Erde länger ist als im Ruhesystem des Teilchens. Diese Zeit wird umso mehr gedehnt, je schneller sich Sonne/Erde und das Teilchen relativ zueinander bewegen. Bei einer Relativgeschwindigkeit von »nur« 8000 m/s ist der Effekt der Zeitdilatation noch kaum wahrnehmbar. Bei 259 627 884 m/s verdoppelt sich bereits die Zeit zwischen den Ereignissen A und B: von circa 289 Sekunden im Ruhesystem des Teilchens auf circa 578 Sekunden im Ruhesystem von Sonne/Erde. Mit steigender Geschwindigkeit nimmt diese Zeitdehnung im Ruhesystem von Sonne/Erde weiter zu, bis sie im Grenzfall der Lichtgeschwindigkeit unendlich beträgt. Wichtig ist hierbei, dass nicht die Zeitdauer zwischen den Ereignissen A und B unendlich wird, sondern die Zeitdehnung. Tatsächlich messen wir dann in unserem Ruhesystem von Sonne/Erde eine endliche Zeit von circa 500 Sekunden zwischen diesen beiden Ereignissen. Aber wegen der unendlichen Zeitdehnung vergeht für das Teilchen *gar keine Zeit* mehr zwischen den beiden Ereignissen A und B.

Nun sind diese Überlegungen natürlich nicht nur auf einen Flug zwischen Sonne und Erde beschränkt, sondern wir können sie auch allgemein formulieren: Für ein mit Lichtgeschwindigkeit fliegendes Teilchen finden zwei beliebige Ereignisse entlang seiner Bahn distanzlos und zeitlos statt.

Jetzt haben wir wieder einen Punkt erreicht, an dem wir mein Axiom heranziehen wollen, welches besagt, dass unsere Seele mit dem körperlichen Tod auf Lichtgeschwindigkeit beschleunigt wird. Wenn wir also dieses Axiom aller Vorbehalte zum Trotz als wahr voraussetzen, dann gilt: Für eine auf Lichtgeschwindigkeit beschleunigte Seele finden zwei beliebige Ereignisse entlang ihrer Bahn distanzlos und zeitlos statt.

Noch gehen wir davon aus, dass sich die Seele nur in eine Richtung bewegt, wie ein einzelnes Lichtteilchen. Da wir aber die Ereignisse entlang ihrer Bahn frei wählen können, verallgemeinern wir weiter: Für eine auf Lichtgeschwindigkeit beschleunigte Seele finden *alle* Ereignisse entlang ihrer Bahn distanzlos und zeitlos statt.

Erst jetzt wollen wir zusätzlich annehmen, dass unsere Seele sich – ähnlich wie das Licht der Sonne – in alle Raumrichtungen gleichzeitig ausbreitet und somit unser gesamtes Universum als eine Ganzheit durchsetzt. Wir betrachten die Seele also nicht mehr als ein lokalisiertes Teilchen, sondern als eine sich mit Lichtgeschwindigkeit ausbreitende Kugelwelle, nämlich eine in alle Raumrichtungen strebende Welle. Unsere Aussage gilt dann nicht nur für Ereignisse entlang einer Bahn, sondern zugleich in allen drei Raumdimensionen. Für eine solche Seele schrumpft unser Universum auf einen einzigen Punkt und dessen Geschichte auf einen einzigen Augenblick zusammen. Folgerichtig gilt:

Für eine auf Lichtgeschwindigkeit beschleunigte Seele
finden alle Ereignisse in unserem Universum
distanzlos und zeitlos statt.

Dieses Ergebnis ist deshalb so interessant, weil es sich mit den entsprechenden theologischen Begriffen auch folgendermaßen formulieren lässt:

Eine auf Lichtgeschwindigkeit beschleunigte Seele
befindet sich in der Omnipräsenz und Ewigkeit.

»Omnipräsenz« und »Ewigkeit« stehen hier für Distanzlosigkeit und Zeitlosigkeit. Die Seele verabschiedet sich von der Raumzeit ihrer Hinterbliebenen, um in die Omnipräsenz und Ewigkeit entlassen zu werden. So und nicht anders müssen wir diese Begriffe deuten, wenn wir nicht in Konflikt mit der Physik geraten wollen. Ich fasse zusammen: Wenn mein Axiom wahr ist und wir es mit wissenschaftlich fundierten Effekten aus der speziellen Relativitätstheorie kombinieren, lassen sich daraus bemerkenswerte Seeleneigenschaften ableiten, welche die Theologie schon seit Jahrtausenden Gott beziehungsweise dem Jenseits zuschreibt: Omnipräsenz und Ewigkeit. Beide bedingen sich gegenseitig, weil Längenkontraktion und Zeitdilatation auch immer nur als ein Paar auftreten. Es handelt sich daher nicht um zwei voneinander unabhängige Grenzfälle, sondern um einen gemeinsamen Grenzfall. Omnipräsenz und Ewigkeit sind nur in einem »jenseitigen Doppelpack« zu haben. Wir müssen sie stets als unzertrennliches Paar betrachten, wie übrigens auch den »diesseitigen Doppelpack« von Raum und Zeit aus dem Kapitel *Unsere materielle Welt*. Beide Doppelpacks sind in Abbildung 21 schematisch dargestellt.

Abb. 21: Sich entsprechende Doppelpacks im Diesseits und im Jenseits

Wir wollen noch ein wenig über die Bedeutungen von Omnipräsenz und Ewigkeit nachdenken. Worin wurzelt die Omnipräsenz? Dieser Begriff steht für ein *Überall-zugegen-Sein*. Eine solche Eigenschaft wird im christlichen Glauben allein Gott zugestanden. Viele Nahtoderichte – ich werde gleich einige Beispiele zitieren – legen aber die interessante Vermutung nahe, dass wir alle mit dem körperlichen Tod diese sehr bemerkenswerte Fähigkeit erlangen, nämlich omnipräsent zu sein. Somit ergibt sich in meiner Theorie auch eine kleine Diskrepanz zum christlichen Glauben, die sich jedoch wohl auflösen lässt: Ich gehe davon aus, dass alle Seelen letztendlich omnipräsent werden. Allerdings nicht »wie Gott«, sondern vielmehr »in Gott«. Den religiösen Hintergrund dieser Aussage werden wir im Kapitel *Die Schöpfung* noch weiter vertiefen, wenn wir gemeinsam über den Ursprung von Raum und Zeit philosophieren werden. Dort wollen wir auch den beiden spannenden Fragen nachgehen, ob es vielleicht so etwas wie eine Hölle gibt und wo sich diese manifestieren könnte.

Worin wurzelt die Ewigkeit? Dieser Begriff steht für ein *Immer-zugegen-Sein*. Die zentrale Bedeutung des Seins geht historisch weit zurück bis auf Parmenides, einen altgriechischen Philosophen aus dem sechsten Jahrhundert vor Christus. Er befasste sich intensiv mit der

Alternative zwischen dem Sein und dem Nichtsein: »Entweder ist das Sein oder das Nichtsein; die dritte Möglichkeit ist, dass sowohl das Sein als auch das Nichtsein existieren. Nichtseiendes kann aber weder erkannt noch ausgesprochen werden; denn der Umkreis des Denkens bleibt auf das Nichtsein beschränkt. Sein und Denken ist aber dasselbe. Nichtsein ist undenkbar, also ist es nicht.«[27] Der Grundgedanke von Parmenides bestand – kurz gesagt – darin, dass »alles ist« und es deshalb »kein Werden« gibt. Hiermit steht er im krassen Gegensatz zu seinem Kritiker Heraklit, auch aus dem sechsten Jahrhundert vor Christus, der mit dem berühmten Ausspruch »alles fließt« in die Geschichtsbücher eingegangen ist. Die stete Bewegung leitet er ab aus seiner Beobachtung, dass wir nicht zweimal in denselben Fluss steigen können, weil in ihm immer wieder neue Wasserfluten heranströmen. Heraklit war der Meinung: »Der Weltprozess vollzieht sich als ewiges Werden.«[28]

Während also für Parmenides stets das Sein an sich im Vordergrund stand, drehte sich bei Heraklit alles um das Werden und das Vergehen. Ich denke, dass beide Philosophen im Grunde richtig lagen: Das Sein steht für das »Sich-Befinden« im Diesseits oder im Jenseits. Hingegen stehen das Werden und das Vergehen für den Übergang vom Diesseits ins Jenseits – und vielleicht auch wieder zurück. Wenn wir Sein mit Ruhe assoziieren und Werden beziehungsweise Vergehen mit Bewegung, dann gibt es – vom Diesseits aus betrachtet – kein absolutes Sein, weil es keine absolute Ruhe gibt, sondern nur absolute Bewegung, nämlich eine Bewegung mit Lichtgeschwindigkeit. In einem Jenseits ohne unseren Raum und ohne unsere Zeit könnte hingegen die Ruhe – das Sein – das Absolute sein.

Bevor wir fortfahren, wollen wir kurz innehalten. Was haben wir bisher gelernt? Wir haben erkannt, dass Omnipräsenz und Ewigkeit nicht nur einen theologisch-philosophischen Hintergrund haben. Auch naturwissenschaftlich lassen sich diese zwei Begriffe einordnen, als Grenzfall einer wichtigen *makroskopischen* Theorie: der Relativitätstheorie. Es gibt aber in der modernen Naturwissenschaft auch noch eine wichtige *mikroskopische* Theorie: die Quantenphysik. Zusammen bilden sie die beiden großen Säulen der heutigen Physik. Ob sich wohl Omnipräsenz und Ewigkeit sogar mit der Quantenphysik vereinbaren lassen? Neugierig geworden? Bitte gedulde dich noch einen klitzekurzen Moment – bis zum Kapitel *Die Seele.*

Ehe wir uns nun gleich einigen Nahtodberichten zuwenden, welche die Begriffe von Omnipräsenz und Ewigkeit thematisieren, möchte ich deine Aufmerksamkeit auf ein kleines – aber doch besonderes – Detail in diesem Kapitel lenken. Bitte blättere die letzten Buchseiten nochmals wachsam um! Fällt dir etwas auf? Nein? Betrachte doch bitte einmal jede Seite ganz oben! Bemerkst du es jetzt?

Ja, tatsächlich. *Die Seitenzahlen fehlen!* Das ist kein Druckfehler, sondern volle Absicht. Seitenzahlen sind eigentlich auch nur ein Indikator für Zeit. Warum denn das? Nun, wenn du beispielsweise eine Minute Lesezeit pro Seite benötigst, dann gibt die aktuelle Seitenzahl deine bereits vergangenen Leseminuten an. In diesem Kapitel habe ich vorsätzlich die Seitenzahlen weggelassen, um damit auch symbolisch einen Bezug zur Zeitlosigkeit herzustellen. Bitte betrachte die fehlenden Seitenzahlen gewissermaßen als einen kleinen Hauch von Ewigkeit. Dass dabei trotzdem noch allerhand passiert, erkennst du daran, dass dir beim Lesen (hoffentlich) nicht langweilig wird. Allerdings würdest du – wenn du dich wirklich in einem Zustand der Zeitlosigkeit befändest – gar nicht lesen können, sondern *alle Kapitelseiten zeitlos* erfassen; denn Lesen ist ein zeitlicher Vorgang. Wieder wird deutlich, dass Omnipräsenz und Ewigkeit ein unzertrennliches Paar sind: »Alle Kapitelseiten« steht für die Omnipräsenz, »zeitlos« für die Ewigkeit.

Um die symbolische Analogie auch zur Omnipräsenz perfekt zu machen, lacht dir deshalb anstelle der Seitenzahlen ein Auge entgegen. Bitte stelle dir vor, es sei dein Auge. Es soll ausdrücken, dass du auf allen Seiten dieses Kapitels präsent bist. Doch nicht nur das: Du bist mit deinem Auge auch noch in allen anderen Büchern von *Lucy im Licht* präsent, also immerhin überall auf der Welt, wo dieses Buch gelesen wird! Natürlich handelt es sich nicht um deine beiden physischen Augen, sondern um eine Art *geistiges Auge.* Hiermit schaust du allen anderen Leserinnen und Lesern frontal ins Gesicht, während diese lesen. Vielleicht kennst du sogar alle ihre Gedanken?

Die Nahtoderfahrenen berichten relativ häufig, dass sie nicht nur ihre eigenen Gedanken gedacht haben, sondern dass sie sich ohne Schwierigkeiten auch in ihr Gegenüber hineinversetzen konnten. Die folgende Schilderung beschäftigt sich gleich mit zwei Themen aus diesem Kapitel, nämlich sowohl dem Wechsel in die Perspektive einer anderen Person als auch der hierbei empfundenen Zeitlosigkeit: »Alles, was ich gesagt, getan, ja sogar gedacht hatte, war da, so dass wir alle alles mitbekamen. Ich dachte jeden Gedanken erneut, ich spürte jedes Gefühl erneut, wie es sich damals ereignete, in einem einzigen Augenblick. Und ich fühlte auch, wie mein Tun und sogar meine Gedanken auf andere gewirkt hatten. Wenn ich über jemanden etwas gesagt hatte, erlebte ich mich selbst, wie ich es tat. Dann wechselte ich die Rolle und die Perspektive und erlebte, wie mein Urteil bei der betreffenden Person angekommen war. Dann kam ich wieder zu meinen eigenen Gefühlen zurück, um auf das Drama, das ich eben gesehen und miterlebt hatte, reagieren zu können – damit ich beispielsweise Scham oder Reue zeigen konnte. Ich spürte die Schmerzen der Menschen, die unter meinen vielen aus Gemeinheit, Unfreundlichkeit oder Zorn erwachsenen Handlungen oder Gedanken litten. Ich erlebte das sogar dann, wenn ich mich damals entschieden hatte zu ignorieren, wie es auf die anderen wirken würde. Und ich spürte den Schmerz der anderen die ganze Zeit über, den sie unter meinem Tun gelitten hatten. Denn ich war in einer anderen Dimension, in der man die Zeit, so wie wir sie auf der Erde kennen, nicht messen kann; ich konnte alles auf einmal wissen und erleben, in einem einzigen Augenblick, und ich war sogar fähig, es alles zu verstehen!«[29]

Wir haben in diesem Kapitel viel über Omnipräsenz philosophiert. Lauschen wir doch einmal, wie Menschen einen derartigen Zustand empfunden haben, als sie ein außerkörperliches Erlebnis hatten: »Plötzlich und ohne jede Vorwarnung fand ich mich an den stählernen Dachsparren knapp unterhalb der Decke wieder. Ich sah, wie die Träger durch die Schatten hindurch emporragten, und als ich nach unten blickte, stellte ich überrascht fest, dass sich mein Sehvermögen verändert hatte: Ich sah alles im Raum – jedes einzelne Haar auf den Köpfen – und alles gleichzeitig. Mit einem einzigen omnipräsenten Blick nahm ich alles in mich auf: Hunderte von Köpfen auf schwankenden Reihen tragbarer Stühle … Haare in den verschiedensten Farben, die im Licht der Bühne glänzten. Dann wanderte meine Aufmerksamkeit auf die Bühne, und ich sah uns in unseren vielfarbigen Trikots, und dort war ich selbst – dort war ich – mit meiner Partnerin. Handelte es sich um ein natürliches Phänomen oder nur um so etwas wie einen Denkfehler? Natürlich wollte ich meinen Augen Glauben schenken, aber … sowohl die Lebhaftigkeit der Erfahrung wie auch die Omnipräsenz meines Sehvermögens – ich sah ja alles im Raum gleichzeitig und wie mit dem Blick eines Falken – konnte man auf die eine oder andere Art betrachten. Aber wenn ich an solche Dinge denke wie die Nieten in den Stahlträgern der Decke oder die Glatze des Mannes mit dem **rot** karierten Sakko in Reihe fünf oder hundert andere Einzelheiten, die mir alle gleichzeitig auffielen, dann scheint es vernünftiger, von einem natürlichen Phänomen zu sprechen als von einer Halluzination. Eine Halluzination, in der ich mich selbst gesehen und die sich lediglich auf die Information gestützt hätte, über die mein Gehirn bereits verfügte, hätte nicht so vollständig und detailgetreu sein können.«[30] Hier beschränkt sich die Omnipräsenz noch auf die Beobachtung einer relativ eng umgrenzten Bühne und einem Zuschauerraum. Wie aber mag sich wohl diese Omnipräsenz anfühlen, wenn sie sich auf unser gesamtes Universum bezieht?

Eine äußerst eindrucksvolle Antwort gibt das Nahtoderlebnis der 42-jährigen Ina. Sie unternimmt dabei den wirklich bemerkenswerten Versuch, mit den begrenzten Ausdrucksmöglichkeiten der menschlichen Sprache die folgende Begebenheit zu schildern: »Von einer Sekunde zur anderen sah ich die ganze Welt, das ganze Universum. Ich war das ganze Universum, in jedem Baum, in jedem Blatt, in jedem Menschen und in jedes Menschen Gedanken. Gleichzeitig ich selbst und zugleich der/die andere.« Inas Zitat möchte ich – die Lucy – ausnahmsweise hier unterbrechen, denn Inas Erlebnis ist so wunderbar, dass es wohl kaum treffender hätte beschrieben werden können. Sich in jedem Baum und in jedem Pflanzenblatt zu befinden, lässt uns erahnen, was Omnipräsenz bedeuten kann. Beim Übergang ins Jenseits mag das eigene Ich noch eine wichtige Rolle spielen, beispielsweise beim Erkennen von sich selbst und von persönlich bekannten Verstorbenen. Die Fortsetzung von Inas Schilderung zeigt uns aber, dass das eigene Ich zugunsten einer Ver**wir**lichung immer mehr in den Hintergrund tritt: »Ich konnte mit einem Gedanken an jede Stelle des Universums reisen in Sekundenschnelle … Es sieht so aus wie ein Hologramm, in das man wie durch Gottes Auge schaut und dann erkennt, dass man Gott und gleichzeitig sich selbst ist (es ist für mich entsetzlich schwer, diesen Satz zu schreiben, weil es so blasphemisch klingt und ich es nie gewagt hätte, so was auch nur zu denken, geschweige denn auszusprechen) … Es ist friedlich, klar, bewusst, wunderschön, vollkommen angstfrei und fröhlich. Ich wusste, dass das jeder Mensch sieht, wenn er tot ist. Dass das etwas ist, was wir alle schon immer kennen. Als würde man sich die Hand vor den Kopf schlagen: Ja klar, so ist es! Aber die Worte fehlen mir, um das alles so auszudrücken. Man ist eins mit allem, fühlt und denkt mit allem, sieht jede Auswirkung auf alles und jeden. Zeit existiert nicht, sie läuft rückwärts, vorwärts, rund. Es ist so schwer, das auszudrücken. Hier war es der Bruchteil einer Sekunde, aber dort war ich eine Ewigkeit.«[31] Ina hat mir freundlicherweise diese sprachliche Meisterleistung per E-Mail zugesandt, nachdem sie mein Buch *Lucy mit c* gelesen hatte.

Mit diesem wirklich faszinierenden Erlebnis im Hinterkopf bitte ich dich, über die sechs folgenden wichtigen Fragen nachzudenken:

- Ist es ein Zufall, dass die Tunnelerlebnisse in Nahtoderfahrungen vergleichbar sind mit Visualisierungen des Searchlight-Effekts?

- Ist es ein Zufall, dass viele Nahtoderfahrene außerdem das Gefühl haben, mit einer sehr hohen Geschwindigkeit durch diesen Tunnel zu rauschen, ohne die sich auch der Searchlight-Effekt gar nicht bemerkbar machen würde?

- Ist es ein Zufall, dass Omnipräsenz und Ewigkeit vergleichbar sind mit einem Grenzfall der Längenkontraktion und Zeitdilatation – nämlich einer Bewegung mit Lichtgeschwindigkeit?

- Ist es ein Zufall, dass Omnipräsenz und Ewigkeit sogar vereinbar sind mit der Quantenphysik, wie wir bald noch feststellen werden?

- Ist es ein Zufall, dass allem Materiellen nicht nur in den Nahtoderfahrungen und in der Theologie eine *untergeordnete, beschränkte* Rolle zuteil wird, sondern auch in den Naturwissenschaften? Denn Materielles kann niemals Lichtgeschwindigkeit erreichen und ist deshalb in Raum und Zeit gefangen.

- Ist es ein Zufall, dass dem Licht nicht nur in den Nahtoderfahrungen und in der Theologie eine *übergeordnete, herausragende* Schlüsselrolle zuteil wird, sondern auch in den Naturwissenschaften? Denn die Lichtgeschwindigkeit ist tatsächlich die einzige absolute Geschwindigkeit in der Physik, wie bereits im Kapitel *Unsere materielle Welt* erläutert.

Jeder von uns hat das Recht, diese sechs Fragen nach eigenem Ermessen für sich zu beantworten. Mag also sein, dass der mit dem Searchlight-Effekt berechenbare Tunnel nur zufällig mit den Tunnelerlebnissen unzähliger Nahtoderfahrungen übereinstimmt. Dagegen ist zunächst einmal nichts einzuwenden. Aber ist es dann ein weiterer Zufall, dass sowohl Searchlight-Effekt als auch Tunnelerlebnis immer nur mit hohen Geschwindigkeiten verknüpft sind? Zudem müssen wir uns völlig unabhängig davon überlegen, ob Omnipräsenz und Ewigkeit nur eine ganz zufällige »Nebenwirkung« sind, wenn sich etwas mit Lichtgeschwindigkeit bewegt? Und ob es noch ein weiterer Zufall ist, dass diese beiden Begriffe sogar mit der modernen Quantenphysik vereinbar sind, wie wir gleich im Kapitel *Die Seele* erörtern werden? Und ob alles Materielle wirklich nur zufallsbedingt den Beschränkungen von Raum und Zeit unterworfen ist? Und ob dem Licht nur per Zufall die Schlüsselrolle in den Nahtoderfahrungen, in der Theologie und in den Naturwissenschaften zugewiesen ist? Und ob …

Merkst du was? Ein Zufall … und noch ein Zufall … und noch ein Zufall … und noch ein Zufall … und noch ein Zufall … und noch ein Zufall.

Glaubst du wirklich noch, dass wir es hierbei mit lauter Zufällen zu tun haben? Ich selbst bin Naturwissenschaftlerin und weiß, dass jeder Zufall statistisch gesehen mit einer gewissen Wahrscheinlichkeit verknüpft ist. Je mehr Zufälle gleichzeitig auftreten, umso unwahrscheinlicher wird dies. Beispielsweise beträgt die Wahrscheinlichkeit, sechs Richtige im Lotto anzukreuzen, ungefähr eins zu 14 Millionen. Dagegen liegt die Wahrscheinlichkeit, sechs Richtige im Lotto und zusätzlich die passende Superzahl auf dem Tippschein zu haben, nur noch bei circa eins zu 140 Millionen. Die Wahrscheinlichkeiten für unsere zuvor diskutierten Zufälle lassen sich zwar nicht mit Zahlenwerten angeben, aber auch diese werden immer unwahrscheinlicher, je mehr Zufälle gleichzeitig auftreten sollen. Deshalb kann ich persönlich nicht daran glauben, dass es sich hier nur um Zufälle handelt; denn es wären ganz schlicht

**zu viele »zu fälle«
auf einmal!**

Wenn es sich aber gar nicht um das unwahrscheinliche Auftreten mehrerer Zufälle handelt, dann muss mehr – nämlich etwas ganz Reales – dahinterstecken. Darum verwandelt sich für mich das Adjektiv »zufällig« nun in das Adjektiv »glaubwürdig«. Eben weil es zu viele Übereinstimmungen zwischen den Nahtoderfahrungen, der Theologie und den Naturwissenschaften gibt, kann es sich hier kaum noch um Zufälle handeln. Tunnelerlebnis, Omnipräsenz, Ewigkeit, die untergeordnete Rolle des Materiellen und die besondere Schlüsselrolle des Lichts werden plötzlich glaubwürdig, weil sie zusammen ein riesengroßes Puzzlespiel formen und *in der Summe evident wird, dass alle Puzzleteile perfekt ineinandergreifen.* Einzige Voraussetzung für dieses so verblüffende Zusammenpassen ist auch hier wieder mein Axiom, dass die Seele mit dem körperlichen Tod auf Lichtgeschwindigkeit beschleunigt wird. Lichtgeschwindigkeit allein reicht aus, um in die Omnipräsenz und Ewigkeit zu geraten. Wir brauchen gar nicht erst das Science-Fiction-Konstrukt einer »Überlichtgeschwindigkeit« zu bemühen.

Das Schöne an dieser Vorstellung ist, dass die Lichtgeschwindigkeit etwas ganz Natürliches ist. Sie ist real, wie es uns das Licht täglich beweist. Daher fällt es mir auch so leicht, die Gültigkeit meines Axioms zu akzeptieren. Es würde mich sehr freuen, wenn auch du hiermit einen neuen Zugang zu deinem eigenen Weltbild findest – völlig unabhängig davon, ob du nun religiös bist oder nicht. Denn das Licht ist und bleibt für uns alle die wohl geheimnisvollste Erscheinung der Natur: Es kennt zwar weder unseren Raum noch unsere Zeit, kann sich also weder an einem Ort aufhalten noch altern. Dennoch verschwistert es Raum und Zeit mit seiner Geschwindigkeit: Raum kann nur in Zeit existieren, und Zeit kann nur in Raum verstreichen. Nur weil die Lichtgeschwindigkeit für uns unerreichbar ist, lässt sie uns Raum und Zeit als scheinbar deutlich getrennte Sphären empfinden.

Falls du diese Argumentation – wenn auch nur ansatzweise – nachvollziehen kannst, dann bist du herzlich eingeladen, unsere gemeinsame Reise zum Ursprung von Raum und Zeit in den gleich folgenden Kapiteln zu vollenden. Aber zuvor wollen wir noch mit einem hartnäckigen Aberglauben aufräumen, indem wir ihn auf eine simple Tatsache zurückführen. Nicht alles ist nämlich ein Zufall, was vielleicht auf den ersten Blick so scheint. Sehr viele Zusammenhänge bezeichnen wir nur deshalb als *zufällig,* weil wir sie nicht tief genug analysieren, sondern zu oberflächlich betrachten. Ist es beispielsweise ein Zufall, dass mehr Unglücke an einem »Freitag, den 13.« geschehen als an jedem anderen Wochentag, wenn er auf den 13. eines Monats fällt?

Mit einem einfachen Computerprogramm lässt sich ausrechnen, wie oft in einem Zeitraum von 400 Jahren der x-te Tag (beispielsweise der 13.) eines Monats auf einen bestimmten Wochentag fällt. Das Ergebnis ist schon verblüffend: Statistisch gesehen fällt der 13. eines Monats tatsächlich am häufigsten auf einen Freitag. Die vollständige Statistik lautet wie folgt: In 400 Jahren fällt der 13. exakt 688-mal auf einen Freitag, 687-mal auf einen Mittwoch oder Sonntag, 685-mal auf einen Montag oder Dienstag, aber nur 684-mal auf einen Donnerstag oder Samstag. Allein die Wahrscheinlichkeit spricht demnach bereits dafür, dass der 13. eines Monats am ehesten ein Freitag ist. Die verhältnismäßig vielen »Freitage, der 13.« sind folglich gar kein Zufallsprodukt, sondern lassen sich historisch zurückführen auf den ersten Wochentag am Start unseres Gregorianischen Kalenders. Er wiederholt sich alle 400 Jahre stets auf den Wochentag genau, weil die Summe aller Tage in diesem Zeitraum durch die Anzahl der Wochentage (sieben) ohne Rest teilbar ist. Hierbei sind die Schaltjahre bereits berücksichtigt, wobei ein Jahr genau dann ein Schaltjahr ist, wenn es durch die Zahl vier ohne Rest teilbar ist (Jahrhunderte nur dann, wenn sie ein Vielfaches von 400 sind). Damit ist statistisch bewiesen, dass ein Unglück – wenn es denn am 13. eines Monats passiert – wahrscheinlicher an einem »Freitag, den 13.« geschieht als an jedem anderen Wochentag. Die gleiche Argumentation gilt natürlich auch für glückliche Ereignisse.

Wichtiges zum Mitnehmen:
Die aus Nahtoderfahrungen bekannten Tunnelerlebnisse, die Omnipräsenz, die Ewigkeit, die beschränkte Rolle des Materiellen und die ausgezeichnete Schlüsselrolle des Lichts bilden zusammen ein riesengroßes Puzzlespiel. In der Summe wird evident, dass alle Puzzleteile perfekt ineinandergreifen und es sich daher kaum noch um Zufälle handeln kann. Einzige Voraussetzung für dieses so verblüffende Harmonieren ist Lucys Axiom, dass die Seele mit dem körperlichen Tod auf Lichtgeschwindigkeit beschleunigt wird.

Experiment Nr. 3

Wie du gleich selbst erleben wirst, fällt jedes unserer kleinen Experimente etwas anders aus. Nach je einem technisch und einem körperlich orientierten Versuch folgt nun ein Experiment, bei dem dein klarer Kopf – also der Geist – gefragt ist. Als Kind fand ich es immer lustig, wenn jemand in sich versinkt und meditiert. Dennoch will ich – die Lucy – es wagen, dir einen ganz seriösen Einstieg in die Meditation zu vermitteln. Es fällt mir nicht leicht, hierfür einen passenden Text auszuwählen, weil ich nicht weiß, ob du bisher bereits Meditationserfahrungen gesammelt hast oder nicht. Deshalb habe ich einen Text ausgesucht, der sowohl eine Einführung in die Meditation bietet als auch Gedanken für Fortgeschrittene enthält.

Unseren Meditationstext habe ich dem Werk *Die Welt in einem einzigen Atom* von Tenzin Gyatso, dem 14. Dalai Lama, entnommen. Auch du kannst die Meditation erlernen, denn sie ist für jeden zugänglich, wie der Dalai Lama sorgfältig zu berichten weiß:

»Diese Art von Geistestraining bezeichnet der Buddhismus als *Bhavana,* ein Begriff, der im Deutschen meist mit *Meditation* übersetzt wird. Im ursprünglichen Ausdruck aus dem Sanskrit klingt die Vorstellung von Pflege im Sinne der Pflege einer Gewohnheit an, während der tibetische Begriff *Gom* die wörtliche Bedeutung von *vertraut werden* hat. Es handelt sich also um eine disziplinierte Geistespraxis, in der man die Vertrautheit mit einem bestimmten Gegenstand pflegt, der sowohl ein äußeres Objekt als auch eine innere Erfahrung sein kann.

Immer wieder wird Meditation als ein Leerwerden des Geistes aufgefasst oder als eine Entspannungstechnik, doch darum geht es mir hier nicht. Die Praxis des *Gom* führt zu keinen mysteriösen oder gar mystischen Zuständen, die nur wenigen talentierten Einzelpersonen vorbehalten wären. Es geht dabei auch nicht um ein Nichtdenken oder die Abwesenheit mentaler Aktivität. *Gom* bezeichnet beides: ein Mittel oder einen Prozess sowie einen Zustand, der aus diesem Prozess entstehen kann. Im Zusammenhang unserer Betrachtungen möchte ich *Gom* vor allem als Mittel beschreiben, als einen Prozess der präzisen, konzentrierten und disziplinierten Introspektion und

Achtsamkeit, der uns tief in die Natur eines Gegenstands der Betrachtung vordringen lässt. Aus wissenschaftlicher Sicht kann dieser Prozess mit einer präzisen empirischen Beobachtung verglichen werden …

Ein Betrachter, der sein Bewusstsein verändern oder den Geist mit empirischen, introspektiven Mitteln ergründen will, benötigt eine große Auswahl an Mitteln, die er durch sorgsame Übung verfeinert und präzise und diszipliniert anwendet. Diese Praktiken setzen die Fähigkeit voraus, die Aufmerksamkeit für eine gewisse Zeitspanne – wie kurz diese auch sein mag – auf ein ausgewähltes Objekt zu richten. Man kann davon ausgehen, dass der Geist durch stetige Gewöhnung lernt, die von ihm speziell eingesetzte Fähigkeit – sei es Aufmerksamkeit, logisches Denken oder Vorstellungskraft – immer mehr zu verbessern. Schließlich wird diese Aktivität durch die andauernde, regelmäßige Übung fast zu einer zweiten Natur. Hier ist die Parallele zu Sportlern oder Musikern besonders deutlich. Wir können diesen Prozess aber auch damit vergleichen, schwimmen oder Fahrrad fahren zu lernen. Anfangs ist es sehr schwer, fast unnatürlich, aber wenn man es gelernt hat, ist es plötzlich ganz einfach.

Das grundlegende Geistestraining ist die Entwicklung von Achtsamkeit besonders auf der Basis der Atembeobachtung. Achtsamkeit ist unerlässlich, wenn wir uns die Phänomene unseres Geistes und unserer direkten Umgebung deutlich bewusst machen wollen. Normalerweise ist unser Bewusstsein relativ unkonzentriert, und unsere Gedanken bewegen sich in einer zufälligen und zerstreuten Weise von einem Objekt zum anderen. Indem wir Achtsamkeit entwickeln, lernen wir als Erstes, uns dieses Prozesses der Zerstreutheit bewusst zu werden; dann können wir unser Bewusstsein in einer sanften Weise so einstellen, dass wir es unabgelenkt auf die Objekte richten, auf die wir uns konzentrieren wollen. Traditionell gilt der Atem als ideales Instrument für das Üben von Achtsamkeit. Da wir ein Leben lang unbewusst und ohne uns darum bemühen zu müssen atmen, ist es von großem Vorteil, den Atem als Objekt der Achtsamkeitspraxis zu wählen, da er uns immer zur Verfügung steht. Fortgeschrittene Achtsamkeit drückt sich in einer ausgeprägten Sensibilität gegenüber allem aus, was in unserem Geist und unserer näheren Umgebung geschieht, so unbedeutend es auch erscheinen mag …

Sobald der Praktizierende bemerkt, dass er in seiner Introspektion abgelenkt ist, muss er den Geist behutsam erneut dem Objekt zuwenden. Anfangs wird die Zeitspanne zwischen der Ablenkung und dem Bewusstwerden der Zerstreuung möglicherweise relativ groß sein, doch mit regelmäßiger Übung wird sie immer kürzer werden … Diese meditativen Praktiken lassen das Bewusstsein ruhig und diszipliniert werden, doch wenn es unser Ziel sein soll, tiefer in das Objekt der Betrachtung vorzudringen, brauchen wir mehr als einen konzentrierten Geist. Wir müssen dazu noch die Fähigkeit erwerben, Wesen und Eigenschaften eines Objekts mit größtmöglicher Präzision zu untersuchen. Diese zweite Ebene der Übung wird in der buddhistischen Literatur als *Einsicht* beschrieben …

Bevor wir mit einer formalen Meditationssitzung beginnen, nehmen wir uns bewusst vor, den Geist weder durch Erinnerungen an vergangene Erfahrungen noch durch Hoffnungen, Vorgriffe und Ängste über zukünftige Ereignisse ablenken zu lassen. Dazu geben wir uns das stillschweigende Versprechen, den Geist nicht zum Nachdenken über die Vergangenheit und Zukunft zu verleiten, sondern konzentriert in der Aufmerksamkeit auf die Gegenwart zu verweilen. Das ist sehr wichtig, da unsere alltägliche Geistesverfassung immer an Erinnerungen, an Spuren der Vergangenheit oder an Hoffnungen und Ängsten im Hinblick auf die Zukunft gebunden ist. Meist leben wir entweder in der Vergangenheit oder in der Zukunft, aber nur selten wirklich in der Gegenwart. Während einer formalen Meditationssitzung kann es hilfreich sein, sich mit dem Gesicht vor eine Wand zu setzen, doch sollte diese nicht mit kontrastreichen Farben oder Mustern bedeckt sein, damit wir nicht abgelenkt werden. Eine gedämpfte Farbe, ein mattes Weiß oder Beige zum Beispiel, schafft einen einfachen Hintergrund und ist zweckmäßig. Während der Meditation ist es wichtig, sich nicht zu sehr anzustrengen. Wir sollten einfach nur den Geist beobachten, der in seinem natürlichen Zustand ruht.

Nachdem wir uns zur Meditation niedergesetzt haben, werden wir bemerken, dass allerlei Gedanken im Bewusstsein auftauchen, wie die sprudelnde Quelle eines andauernden inneren Plapperns oder die Hektik endloser Verkehrsströme. Diese Gedanken sollten wir nicht behindern, wir lassen sie ganz einfach auftauchen, egal, ob wir sie für heilsam oder unheilsam halten. Wir fördern sie nicht und unterdrücken sie nicht, und wir sollten sie auch nicht bewerten. Jede dieser Reaktionen würde nur zu einem weiteren Ausufern unserer Gedanken führen; sie sind der Brennstoff, der die Kettenreaktion in Gang hält. Wir müssen nur unsere Gedanken beobachten. Wie Blasen, die sich auf der Wasseroberfläche bilden und zerplatzen, taucht das diskursive Denken im Bewusstsein auf und löst sich darin auch wieder auf. Nach und nach werden wir inmitten des inneren Geplappers etwas bemerken, das wie eine reine Abwesenheit wirkt, ein Geisteszustand ohne speziellen, bestimmbaren Inhalt. Anfangs werden solche Zustände vielleicht nur flüchtige Erfahrungen sein. Doch sobald sich diese Praxis festigt, werden diese Intervalle zwischen der normalen, kontinuierlichen Entfaltung unserer Gedanken größer werden. Wenn dies geschieht, bietet sich ein günstiger Moment, in der eigenen Erfahrung das zu erkennen, was in der buddhistischen Definition des Bewusstseins als *leuchtend und wissend* beschrieben wird.«[32]

Nimm dir bitte etwas Zeit und versuche, das umzusetzen, was uns der Dalai Lama eben vorgeschlagen hat:

• Setze dich vor eine Wand mit einer gedämpften Farbe und übe zunächst nur die Achtsamkeit, indem du deinen Atem beobachtest – das Einatmen und das Ausatmen über einen längeren Zeitraum.

• Beobachte dann deinen Geist. Lass das Plappern der Gedanken zu, die dich am Tage beschäftigt haben, aber fördere sie nicht.

• Irgendwann gelingt es dir vielleicht, inmitten des Geplappers einen Zustand ohne speziellen Inhalt, aber der Erleuchtung und des Wissens zu erreichen.

Tiefe Meditation erfordert viel Übung. Sei nicht gleich enttäuscht, selbst wenn du mehrere Anläufe benötigst. Vor der weiteren Lektüre dieses Buches darfst du dir eine weitere Ruhepause gönnen, indem du dich bei einer Lieblingsbeschäftigung entspannst. Lasse nochmals kurz deine wertvolle Seele baumeln, bevor wir uns diese im nächsten Kapitel so richtig vorknöpfen werden.

Die Spielidee

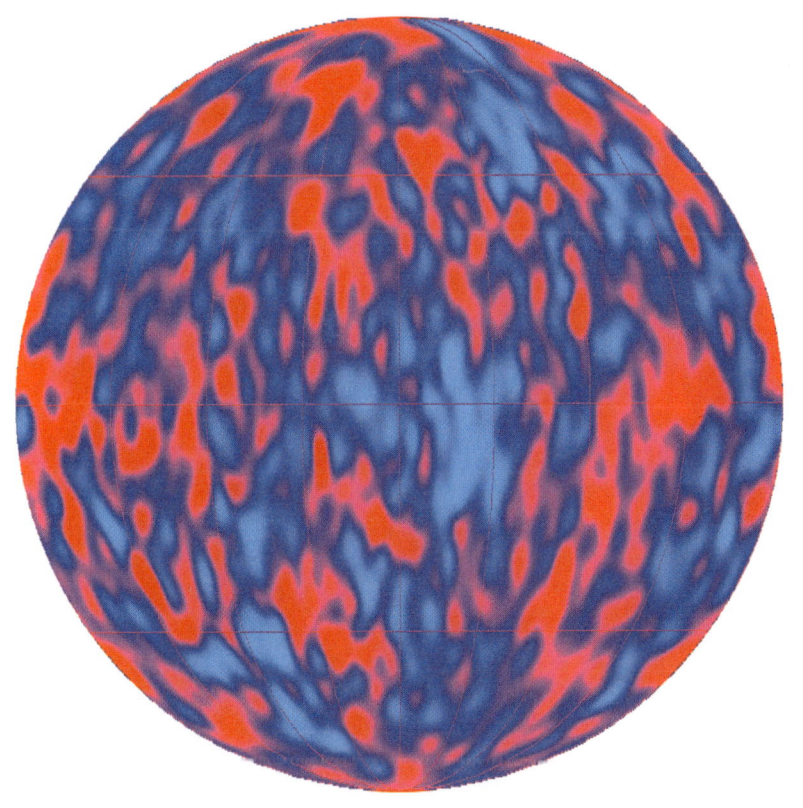

Teamgeist macht stark

Die Seele

Dieses Kapitel beschäftigt sich nicht nur mit der Seele, es ist die Seele des Buches! Einerseits werde ich es wagen, ein sehr zentrales quantenphysikalisches Experiment mit einem ganzheitlichen Denkansatz zu interpretieren, und dabei zu einem verblüffenden Ergebnis gelangen. Andererseits wollen wir uns in diesem Kapitel tatsächlich mit der wichtigsten Größe in meinem Axiom auseinandersetzen: mit der Seele. Aufgrund ihres spekulativen Charakters lässt sich die Existenz der Seele weder verifizieren (bestätigen) noch falsifizieren (widerlegen). Genau deshalb ist sie übrigens kein Gegenstand naturwissenschaftlicher Betrachtung. Oft werde ich aber von meinen Leserinnen und Lesern gefragt, wie wir uns die Seele vorzustellen haben. Daher möchte ich – die Lucy – zunächst zu drei bedeutenden Fragen konkret Stellung beziehen:

- Was ist die Seele?
- Wo befindet sich die Seele?
- Was verstehe ich unter einer Beschleunigung der Seele?

Die Seele ist für mich das, was fortbesteht, wenn wir eines Tages sterben. Würde mit dem Tod alles zu Ende gehen, dann gäbe es auch keine Seele. Zu Lebzeiten entspricht die Seele dem Bewusstsein. Was aber zeichnet Bewusstsein aus? Ich assoziiere es mit *Fühlen* und *Lernen*: Alles, was fühlen und lernen kann, verfügt über ein Bewusstsein, also über eine Seele! Hierzu zählen alle Lebewesen, das heißt neben den Menschen auch die Tiere und die Pflanzen. Beispielsweise fühlt ein Tier, dass es Hunger hat, und es lernt, sich Futter zu besorgen; eine Pflanze fühlt, aus welcher Richtung die Sonne scheint, und sie lernt, ihre Blätter zur Sonne hin auszurichten. Auch im Buddhismus ist Fühlen eine wichtige Voraussetzung für Bewusstsein. Dass ich auch Pflanzen als beseelt betrachte, kommt allerdings der hinduistischen Vorstellung am nächsten, wobei ich nur in diesem Punkt – nämlich der Beseeltheit – dem Hinduismus zustimme. Im Kapitel *Die Schöpfung* zeige ich, dass jeder Weltreligion eine mindestens ebenbürtige Erkenntnis zugrunde liegt.

Es liegt nahe anzunehmen, dass die menschliche Seele im Gehirn verankert ist, da es als einziges Organ eindeutig mit der Persönlichkeit

eines Menschen verknüpft ist und sich bis heute nicht durch eine Transplantation auswechseln lässt. Diese Vorstellung mag zwar plausibel sein, ist jedoch nicht zwingend. Denkbar wäre auch, dass sich die Seele bereits zu Lebzeiten außerhalb des Körpers befindet und unser Gehirn eine Art Antenne besitzt, über die es mit der Seele kommunizieren kann. Ich persönlich glaube an eine dritte Variante, dass nämlich die Seele zu Lebzeiten in jeder Körperzelle beheimatet ist; so, wie auch jedes Bruchstück eines zerbrochenen Hologramms alle Informationen seines Originals enthält.

Die naturwissenschaftliche Bewusstseinsforschung ist dadurch gehandicapt, dass sie primär nur das untersucht, was beobachtet oder gemessen werden kann. Sind wir beispielsweise verliebt, so lassen sich in einem *Elektroenzephalogramm (EEG)* erhöhte Hirnströme in bestimmten Gehirnarealen nachweisen. Wenn aber andererseits genau diese Gehirnareale elektrisch gereizt werden, so empfinden wir die Gefühle des Verliebtseins. Folglich glauben viele Neurologen, dort sei eben jene Emotion verankert. Diese Sichtweise mag richtig sein, kann uns jedoch auch blind machen für komplexere Zusammenhänge. Nehmen wir doch beispielsweise einmal an, dass unser Gehirn nicht das Bewusstsein beherbergt, sondern dass es tatsächlich nur als Empfänger und Sender für eine Seele außerhalb seiner selbst fungiert. Wenn diese Vermutung zutrifft, dann gäbe es eine schlüssige Erklärung, warum sich viele Wissenschaftler bis heute im Kreise drehen: Im übertragenen Sinne suchen sie das TV-Programm in ihrem Fernsehgerät. Bei jeder Talkshow werden dessen elektronische Platinen aktiviert, so dass künstliche Bilder und Töne entstehen. Lässt sich aber daraus der Schluss ziehen, dass sich Moderator und Gäste einer Talkshow in den Innereien des Fernsehers befinden?

Die Frage, ob die Seele in oder außerhalb des Gehirns zu finden ist, können wir in diesem Buch nicht beantworten. Schade ist, dass viele Wissenschaftler die zweite Möglichkeit gar nicht erst in Erwägung ziehen. Umso wichtiger ist die Erkenntnis, dass wir über ein Bewusstsein oder eine Seele verfügen *müssen,* weil wir uns andernfalls gar nichts bewusst machen *könnten!* Dieses Etwas muss zu Lebzeiten sehr eng mit unserem Körper verknüpft sein, also entweder »eingefangen« im Gehirn, in allen Zellen oder aber »gekettet« an den Körper wie eine Art Magnet oder Aura. Erst mit dem körperlichen Tod endet das Gefangensein beziehungsweise die Ankettung, so dass die Seele unseren Körper

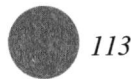

wieder verlassen und vollkommen unabhängig von ihm weiterexistieren kann.

Unter einer Beschleunigung der Seele verstehe ich nun schlicht den Vorgang, dass die Seele mit dem körperlichen Tod immer schneller und schneller wird, bis sie eine bestimmte Grenzgeschwindigkeit erreicht, nämlich die Lichtgeschwindigkeit. Ich beziehe mich hier ausdrücklich *nicht* auf die Beschleunigung im Newtonschen Sinne, welche nur für Massen definiert ist, und zwar folgendermaßen: Wirkt eine äußere Kraft auf die Masse eines Teilchens ein, so ändert dieses Teilchen seinen Bewegungszustand, das heißt, es wird entweder beschleunigt oder abgebremst. Wenn die Seele aber etwas Masseloses ist, dann macht dieses Newtonsche Axiom keine Aussage darüber, ob sie beschleunigt werden kann oder nicht. Möglich wäre es! Gedanklich können wir uns durchaus vorstellen, dass auch etwas Masseloses beschleunigt wird, nämlich einfach derart, dass es immer schneller und schneller wird. Wichtig in diesem Zusammenhang ist die folgende Erkenntnis: Wir können nicht erwarten, dass die Seele den Gesetzen der heute bekannten Physik gehorcht, denn sie gehört nicht einmal zum Vokabular dieser Physik.

Da die Beschleunigung der Seele in meinem Axiom eine so wichtige Rolle spielt, möchte ich diese Gelegenheit nutzen, ausführlich mit dir darüber zu diskutieren. Die Physik geht heute nämlich davon aus, dass massebehaftete Teilchen niemals Lichtgeschwindigkeit erreichen *können* und dass masselose Teilchen (zum Beispiel die Photonen) immer mit Lichtgeschwindigkeit fliegen *müssen*. Wie aber haben wir uns dann eine Beschleunigung der Seele auf Lichtgeschwindigkeit vorzustellen? Betrachten wir doch mal das Licht selbst: Wenn du eine Taschenlampe anknipst, bringt im gleichen Moment die Energie der Batterien den Draht in der Glühbirne zum Glühen, und ein Teil dieser Energie verlässt diesen Draht ganz spontan mit Lichtgeschwindigkeit. Jedes Photon bewegt sich sofort mit Lichtgeschwindigkeit, sobald es erzeugt wird. Es gibt folglich – vom Standpunkt der Physik aus – keine allmähliche Beschleunigung von null auf Lichtgeschwindigkeit, sondern allenfalls eine unendlich schnelle Beschleunigung. Ich habe lange darüber nachgedacht, ob sich die Seele diesbezüglich auch wie das Photon verhält. Ob also die Seele beim körperlichen Tod auch ganz spontan mit Lichtgeschwindigkeit emittiert wird? Tatsächlich gibt es für mich im Wesentlichen zwei Gründe, die dagegen sprechen.

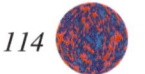

Erstens: Wenn die Seele sofort mit Lichtgeschwindigkeit fliegen würde, könnte es gar nicht das von so vielen Nahtoderfahrenen beschriebene Tunnelerlebnis geben. Ein »Schneller-Werden« im Tunnel und ein immer größer werdender Lichtpunkt – wie im Kapitel *Das Tunnelerlebnis* dargelegt – wären nicht möglich, wenn sich die Seele spontan mit Lichtgeschwindigkeit vom dann leblosen Körper entfernt. Zweitens: Sehr häufig ist in Nahtodberichten zu lesen, dass die Betroffenen ihre Umgebung (beispielsweise die Unfallstelle oder den Operationssaal) zunächst noch aus einer gewissen Höhe betrachten durften. Diese Berichte enthalten erstaunlich viele Details, die sich kaum während einer Fortbewegung mit Lichtgeschwindigkeit erkennen ließen. Erst zu einem späteren Zeitpunkt, nämlich beim Eintritt in den Tunnel, beginnt die eigentliche Beschleunigung. Aber auch dann scheint sich das Eintauchen ins Licht nicht spontan zu vollziehen, sondern allmählich. Persönlich komme ich also zu dem Schluss, dass es der Seele irgendwie möglich ist, in ihrem eigenen System allmählich auf Lichtgeschwindigkeit zu beschleunigen. Vielleicht existiert eine solche Beschleunigung nur aus der Sicht der Seele beziehungsweise des Photons, nicht jedoch aus der Sicht der Hinterbliebenen beziehungsweise der Taschenlampe.

Abbildung 22 zeigt, wie sich Seele und Körper eines Menschen meines Erachtens zueinander verhalten. Ihr jeweiliger Zustand wird dabei durch eine *Seelenampel* beziehungsweise *Körperampel* repräsentiert. Die Seele wird irgendwann zwischen Zeugung und Geburt vom Körper des entstehenden Menschen eingefangen. Die Vorstellung einer Wiedergeburt ist prinzipiell möglich, aber nicht zwingend. Solange der Mensch lebt (Körperampel auf **Grün**), bleibt seine Seele im Körper gefangen oder an den Körper gekettet (Seelenampel auf **Rot**). Während der Mensch stirbt (Körperampel auf **Gelb**), wird seine Seele auf Lichtgeschwindigkeit beschleunigt (Seelenampel auf **Rot-Gelb**). Mit dem *Sterben* bezeichne ich hierbei den Vorgang unmittelbar vor dem körperlichen Tod. Eine Beschleunigung der Seele findet auch dann statt, wenn ein Mensch den Sterbeprozess beginnt, aber nicht vollendet; also wenn er in eine todesnahe Situation gerät, beispielsweise während eines Unfalls oder Herzinfarkts. Solche Menschen schildern häufig, dass sie das Gefühl hatten, immer schneller und schneller zu werden. Wenn der Mensch dann schließlich tot ist (Körperampel auf **Rot**), endet das Gefangensein seiner Seele: Die Seele ist frei (Seelenampel auf **Grün**).

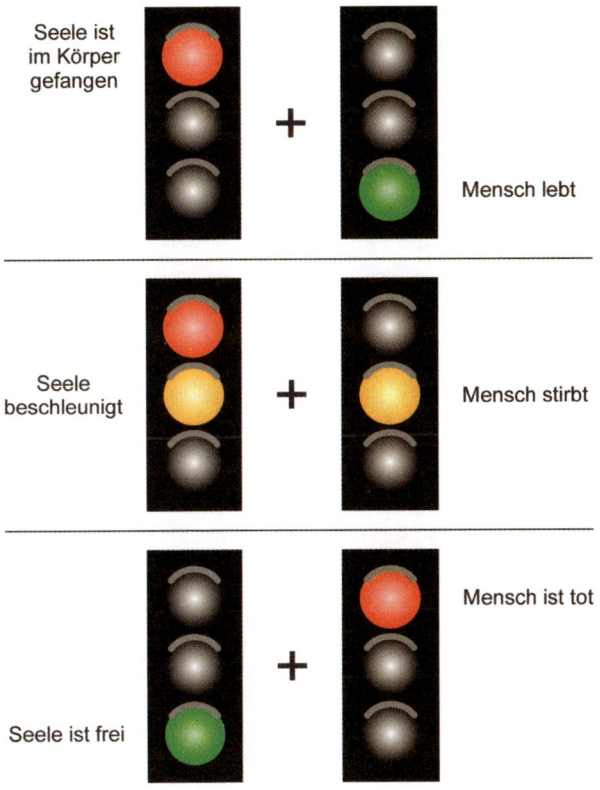

Seele ist im Körper gefangen

Mensch lebt

Seele beschleunigt

Mensch stirbt

Mensch ist tot

Seele ist frei

Abb. 22: Zusammenspiel von Seelenampel und Körperampel

Wann aber ist ein Mensch wirklich tot? Zu dieser Frage gibt es sehr kontroverse Ansichten. Generell werden drei Phasen unterschieden: der klinische Tod, der Hirntod und der biologische Tod. Der *klinische Tod* tritt bereits ein, wenn es zu einem völligen Kreislaufstillstand kommt, also Herz- und Lungenaktivitäten ganz erlöschen. Durch sofortige Reanimation kann es jedoch gelingen, die Betroffenen ins Leben zurückzuholen. Erst nach einigen Minuten führt der andernfalls hervorgerufene Sauerstoffmangel zu unwiderruflichen Schäden. Der *Hirntod* ist definiert durch den endgültigen Funktionsverlust von Großhirn und Hirnstamm. Er kennzeichnet den Individualtod eines Menschen. Der *biologische Tod* schließlich entspricht dem kompletten Ende aller Organ- und Zellfunktionen.

Ein Mensch gilt also bereits als »klinisch tot«, wenn seine Herz- und Lungenaktivitäten für wenige Minuten erloschen sind. Dies ist jedoch kein hinreichendes Kriterium für den Tod eines Menschen, denn es gibt durchaus eine Vielzahl von Personen, die erfolgreich wiederbelebt worden sind. Aus der Sicht der Seele scheint es aber ein eindeutiges Kriterium zu geben, wann die Seele frei ist, beziehungsweise wann der Mensch tot ist. In Nahtodberichten ist häufig zu lesen, dass es tatsächlich eine über Leben und Tod entscheidende Grenze gibt: das »Eins-Werden« mit dem Licht. Solange die Seele noch nicht die Lichtgeschwindigkeit erreicht hat, ist ihre Rückkehr ins irdische Leben möglich. Erst danach ist der körperliche Tod endgültig.

Vielleicht wird mein Begriff der Seele noch etwas anschaulicher für dich, wenn ich ihn mit dem Wesen von kleinsten Teilchen – Quanten – vergleiche, wie es sich bei dem meiner Meinung nach interessantesten Phänomen der modernen Quantenphysik äußert. Die Rede ist von der sogenannten *Verschränktheit,* die erstmals von Erwin Schrödinger im Jahr 1935 postuliert wurde.[33] Wir werden jetzt für kurze Zeit nicht mehr über die Seele sprechen, sondern zunächst den Begriff der Verschränktheit klären und dann das vielleicht aufschlussreichste Experiment der modernen Quantenphysik diskutieren. Erst danach werden wir vorbereitet sein, um eine tiefere Vorstellung von meinem Seelenbegriff zu bekommen.

Zwei oder mehr Teilchen gelten als miteinander verschränkt, wenn sich ihre Eigenschaften gegenseitig bedingen (voraussetzen), ohne dass es – nachdem die Verschränkung erfolgt ist – zu einer Wechselwirkung zwischen ihnen kommt. Stattdessen sind diese Teilchen aufgrund eines bestimmten physikalischen Erhaltungssatzes eng miteinander verknüpft. So lassen sich Experimente durchführen, in denen zwei verschränkte Teilchen immer »wissen« (bitte erlaube mir diesen anthropomorphen Ausdruck), wie sich ihr Partner bei einer Messung verhält, auch wenn sie beliebig weit voneinander entfernt sind. Klassisch betrachtet ist eine solche Fernwirkung unmöglich, weil sich keine Information (zum Beispiel über eine spezielle Eigenschaft der verschränkten Teilchen) schneller als mit Lichtgeschwindigkeit übertragen lässt. Deshalb hat Albert Einstein dieses Phänomen auch als eine *spukhafte Fernwirkung* bezeichnet. Er hat sich sein Leben lang nicht mit den Grundzügen der Quantenphysik anfreunden können, was

er gerne mit dem Zitat »Gott würfelt nicht«[34] zum Ausdruck brachte. Die Heisenbergsche Unbestimmtheitsrelation behauptet, dass der Zustand mikroskopischer Objekte vor einer Messung nicht nur unbekannt, sondern sogar völlig unbestimmt sein kann. Um genau diese Aussage als unsinnig zu entlarven, überlegten sich Albert Einstein und seine Mitarbeiter Boris Podolsky und Nathan Rosen ebenso im Jahr 1935 ein Gedankenexperiment, das nach den Initialen seiner Erfinder als *EPR-Experiment* in die Geschichte eingegangen ist.[35] Eigentlich wollten die drei Physiker damals beweisen, dass alle Dinge in unserer Welt unabhängig von der Anwesenheit eines Beobachters eine objektive Realität besitzen, was ihnen aber nicht gelungen ist.

Das EPR-Experiment treibt unser Verständnis von Logik und Kausalität an ihre Grenzen, denn hier kommen die Konsequenzen der Verschränktheit erstmals voll zum Tragen. Worum geht es dabei im Detail? Eine vereinfachte Version dieses Gedankenexperiments lässt sich folgendermaßen formulieren: Nehmen wir an, wie haben zwei gleiche Würfel, von denen sich der eine in Berlin und der andere in München befindet. Wenn mit diesen Würfeln gleichzeitig gewürfelt wird, so erwarten wir doch, dass die Resultate vollkommen unabhängig voneinander ausfallen. Das heißt also, wenn der Würfel in Berlin eine »1« zeigt, so kann bei dem Würfel in München jede beliebige Augenzahl auftreten. Verblüffend ist nun, dass wir in der Quantenphysik zwei Würfel konstruieren können, bei denen der eine stets die gleiche Augenzahl zeigt wie der andere. Ganz egal, wo mit ihnen gewürfelt wird, ob direkt nebeneinander oder weit voneinander entfernt! Solche verschränkten Quantenwürfel sind in Abbildung 23 schematisch dargestellt. Zufällig ist hier nur, welche Augenzahl beide Quantenwürfel gemeinsam zeigen werden. Merkwürdigerweise ist sicher, dass die Augenzahlen beider Quantenwürfel immer übereinstimmen werden. Klassisch betrachtet müsste der eine Quantenwürfel dem anderen Quantenwürfel mit Überlichtgeschwindigkeit (nämlich spontan!) mitteilen, für welche Augenzahl er sich entschieden hat. Da aber gemäß der speziellen Relativitätstheorie keine Information schneller als mit Lichtgeschwindigkeit übertragen werden kann, schlussfolgerten die drei Physiker Einstein, Podolsky und Rosen irrtümlicherweise, dass die Eigenschaften dieser verschränkten Teilchen doch schon vor ihrer Beobachtung irgendwie festgelegt seien.

Abb. 23: Das EPR-Experiment mit zwei Quantenwürfeln

Zu Einsteins Lebzeiten ließ sich das EPR-Experiment noch nicht korrekt deuten, weil es sich zunächst nur um ein reines Gedankenexperiment handelte und sich die Fernwirkung folglich experimentell weder verifizieren noch falsifizieren ließ. Erst im Jahr 1982 gelang es dem französischen Physiker Alain Aspect in Paris, die von Albert Einstein noch bezweifelte Fernwirkung im Laborversuch am Beispiel von verschränkten Photonen (Lichtteilchen) glaubhaft zu bestätigen.[36] Nicolas Gisin und seine Forschergruppe von der Universität Genf schafften es in jüngerer Zeit sogar, diese »heimliche Absprache« zwischen verschränkten Photonen über eine Entfernung von circa 10 Kilometern nachzuweisen.[37] Ihr Experiment ist etwas vereinfacht in den Abbildungen 24a bis c dargestellt.

Wie aber funktioniert nun diese moderne Version des EPR-Experiments? Mit Laserlicht und speziellen optischen Kristallen können Paare von verschränkten Photonen (**grün** in den Abbildungen 24a bis c) erzeugt werden. Gleich nach ihrer Entstehung fliegen die beiden verschränkten Photonen aber in unterschiedliche Richtungen auseinander (siehe Abbildung 24a). Den Regeln der Quantenphysik zufolge ist die Schwingungsebene des Lichts – die *Polarisation* – für diese »Zwillingsphotonen« zunächst noch völlig unbestimmt. Erst im Augenblick der Beobachtung beziehungsweise Messung entscheidet sich das Licht ganz zufällig für eine bestimmte Polarisation. Allerdings fordern physikalische Erhaltungssätze, dass die Polarisationsrichtungen beider Photonen immer senkrecht aufeinanderstehen müssen. Diese Tatsache führt jedoch zu der folgenden, äußerst bemerkenswerten Konsequenz:

Wenn die Polarisationsrichtung nur eines Photons gemessen wird, wird im gleichen Augenblick auch die Polarisationsrichtung des anderen Photons festgelegt, nämlich senkrecht zu der gemessenen zu sein.

Das Experiment wurde in Genf durchgeführt, die verschränkten Photonenpaare also dort erzeugt. Die Experimentatoren haben jedes Paar so aufgeteilt, dass jeweils ein Photon die Strecke zwischen Genf und Bellevue durchlief, während sich das andere Photon auf den Weg nach Bernex machte. Verglichen mit dem ursprünglichen Gedankenexperiment entspricht das eine Photon in Bellevue dem Berliner Quantenwürfel, während das andere Photon in Bernex den Münchner Quantenwürfel darstellt. Erst kurz vor dem Ende der »Rennstrecke« passierte jedes Photon eine identische Messapparatur, in der es die Wahl zwischen zwei möglichen Ausgängen hatte. Diese Messapparatur bestand aus einem *Strahlteiler* (**rot** in den Abbildungen 24a bis c), der ein auftreffendes Photon je nach seiner Polarisationsrichtung entweder reflektiert oder durchlässt, und zwei *Detektoren* (**blau** in den Abbildungen 24a bis c). Weil aber – wie bereits erwähnt – die Polarisationsrichtungen beider Photonen immer senkrecht aufeinanderstehen, muss immer genau ein Photon reflektiert und das andere durchgelassen werden. Genau dieses wurde auch beobachtet: Wurde beispielsweise das eine Photon reflektiert und im Detektor 1 nachgewiesen, dann wurde zum gleichen Zeitpunkt sein Zwilling durchgelassen und lief in den Detektor 3 (siehe Abbildung 24b). Wurde dagegen das eine Photon durchgelassen und im Detektor 2 nachgewiesen, dann wurde gleichzeitig sein Zwilling reflektiert und lief in den Detektor 4 (siehe Abbildung 24c). Auch wenn jedes Photon für sich die Möglichkeit gehabt hätte, an seinem Strahlteiler reflektiert oder durchgelassen zu werden – denn erst am Strahlteiler entscheidet sich ganz zufällig die Polarisation –, so ergab das Experiment: Entweder wurden die beiden Photonen in den Detektoren 1 und 3 oder aber in den Detektoren 2 und 4 nachgewiesen, jedoch niemals in den anderen prinzipiell möglichen Kombinationen, nämlich in den Detektoren 1 und 4 oder in den Detektoren 2 und 3. Damit ist meine nächste Überraschung bereits perfekt: Dieses Ergebnis ist deshalb so eindrucksvoll, weil sich die beiden identischen Messapparaturen etwa zehn Kilometer voneinander entfernt befanden und beide Photonen trotzdem – und zwar ganz spontan! – immer »wussten«, wie sich das jeweils andere Photon an seinem Strahlteiler verhält.

a

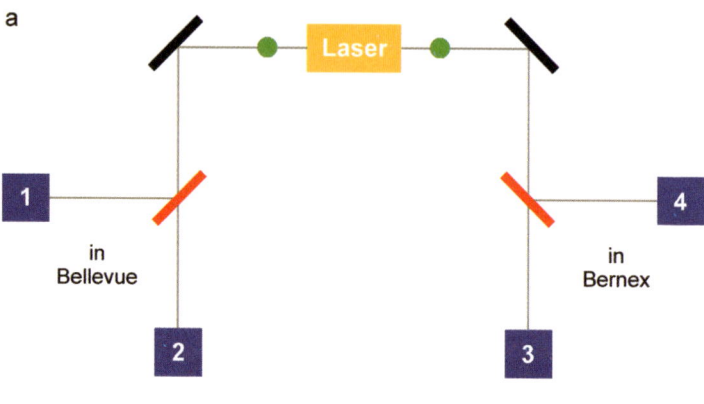

b

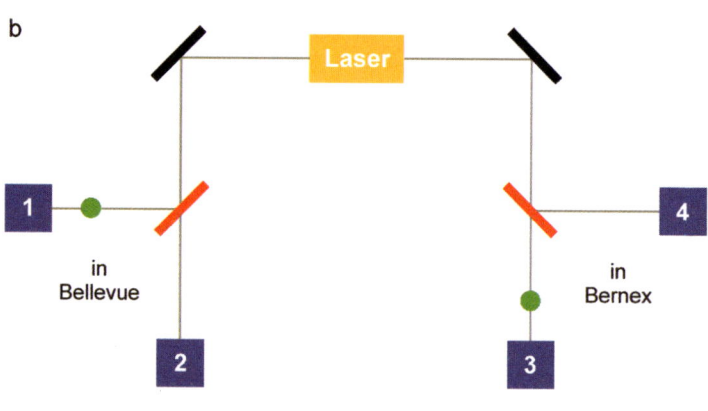

c

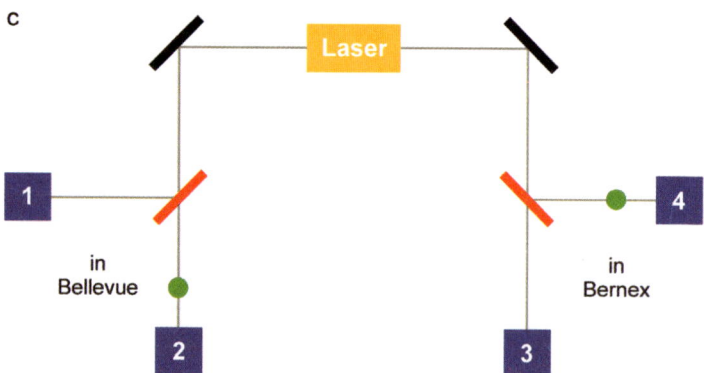

Abb. 24: Verschränkte Photonen

Eine Forschergruppe um Serge Haroche in Paris konnte bereits nachweisen, dass es nicht nur verschränkte Photonen gibt, sondern auch ver-
schränkte Atome.[38] Erst kürzlich gelang es sogar den Teams um Anton
Zeilinger in Wien und Jian-Wei Pan in Heidelberg, gleich vier oder sechs
Photonen miteinander zu verschränken.[39] Und eine Gruppe um Andreas
Buchleitner ertüftelte eine neue Methode, um verschiedene Grade von
Verschränkung zu messen.[40] Wie aber lässt sich dieses außergewöhnliche Verhalten von verschränkten Teilchen erklären, wenn Information
nie schneller als mit Lichtgeschwindigkeit übertragen werden kann?
Die Antwort: Es wird gar keine Information ausgetauscht! Zwillingsphotonen verhalten sich wie ein Paar von Quantenwürfeln, das bei jedem Wurf die gleiche Augenzahl zeigt. Weil das Ergebnis eines solchen
Experiments rein zufällig ist, lässt sich das Phänomen auch nicht dazu
benutzen, irgendwelche Informationen zu übermitteln. Es ist also nicht
möglich, damit zu morsen. Dennoch bedeutet der experimentelle Be-
fund ohne jeden Zweifel: Irgendetwas muss zwei verschränkte Teilchen
im Inneren miteinander verbinden. Aber was könnte das sein?

Und was hat eigentlich die eben diskutierte Verschränktheit mit der
Seele zu tun? Bitte habe noch etwas Geduld, wir werden diese Verbindung in Kürze herstellen. Zuvor möchte ich jedoch betonen, dass es sich
bei der Verschränktheit meiner Meinung nach nur um eine unglückliche
wissenschaftliche Wortschöpfung handelt. Warum denn das? Indem wir
die Verschränktheit als ein gegebenes Quantenphänomen akzeptieren,
sind wir geneigt zu glauben, sie verstanden zu haben. Dem ist aber nicht
so. Im Gegenteil, der Begriff von der Verschränktheit wirkt auf mich
sehr künstlich, weil er eigentlich nur geprägt wurde, um Widersprüche
innerhalb der Quantenphysik zu vermeiden. Die Versuche einer Unter-
mauerung durch experimentelle Beobachtungen erfolgten erst viele
Jahre später! Eine solche Wortschöpfung setzt aber zunächst noch keinerlei Verständnis der zugrunde liegenden Zusammenhänge voraus und
stellt demnach auch keine wirkliche Erklärung dar. Ich bezeichne diese
Wortschöpfung als *unglücklich,* weil sie die Realität nur unnötig ver-
schleiert, denn letztere lässt sich nicht allein durch die Schöpfung neuer
Begriffe finden. Wie heißt es doch so schön in einem deutschen Sprich-
wort? »In der Kürze liegt die Würze.« Die Natur selbst macht es uns an
vielen Beispielen vor: Je einfacher sich ein Zusammenhang beschreiben
lässt, umso wahrscheinlicher ist er wahr.

Verblüffend am Phänomen der Verschränktheit ist die Tatsache, dass sich miteinander verschränkte Teilchen so verhalten, als seien sie ein einziges Objekt. Deshalb glaube ich, dass sich all die Beobachtungen, die den Begriff der Verschränktheit rechtfertigen sollen, auch noch anders erklären lassen; und zwar – hier kommt das wesentliche Kriterium – viel einfacher! Warum einfacher? Weil sich verschränkte Teilchen meines Erachtens nicht nur so verhalten, als seien sie ein einziges Objekt (wie eben angedeutet), sondern *weil sie tatsächlich nur ein Objekt darstellen.* Mit anderen Worten: Weil es sich dabei überhaupt nicht um unterschiedliche Teilchen handelt, sondern einfach nur um verschiedene Aspekte einer Ganzheit. Auch diese Erkenntnis lässt sich folglich nur mit einem ganzheitlichen Denkansatz ableiten.

Vielleicht fragst du jetzt: »Seit wann ist zwei gleich eins?« Dann antworte ich, dass diese Frage falsch gestellt ist. Es sind nämlich gar nicht zwei verschränkte Teilchen. Wir dürfen eigentlich gar nicht von verschränk**ten** Teilch**en** sprechen, sondern nur vom Singular eines verschränkten Objekts. Letzteres können wir aber nicht beobachten, denn mit jeder Messung zerstören wir die Verschränktheit. Das verschränkte Objekt spaltet jedoch durch unsere Messung in unterschiedliche Teilchen auf, die wir dann tatsächlich in Raum und Zeit beobachten können. Kausal formuliert: Wir sind geneigt, vom Plural verschränkter Teilchen zu sprechen, weil wir bei einer Messung mehrere Teilchen beobachten. Allerdings dürfen wir daraus nicht folgern, dass auch schon vor der Messung mehrere Teilchen existierten. Im Gegenteil: Ein verschränktes Objekt ist immer eine Ganzheit, die sich aber nicht in den Strukturen von Raum und Zeit beobachten lässt. Sie darf stets nur mit einer – bitte verzeihe den physikalischen Jargon – *gemeinsamen Zustandsfunktion* beschrieben werden.

Nach unserer alltäglichen Erfahrung sind die Eigenschaften eines Objekts direkt mit dem Ort des Objekts verbunden. Wir bezeichnen diese Tatsache auch als ein *lokales Verhalten.* Ein Beispiel: Wenn ein Auto in Berlin nach links abbiegt, wird man in München nichts davon merken. Ein derartiges Verhalten muss aber nicht notwendigerweise auch auf Quanten zutreffen. Das EPR-Experiment zeigt uns vielmehr ein *nicht-lokales Verhalten,* dass nämlich die Eigenschaften eines verschränkten Objekts nicht an einen einzigen Ort gebunden sind. Will heißen: Die Eigenschaften eines verschränkten Objekts können gleichzeitig an verschiedenen – vielleicht sogar weit voneinander entfernten – Orten präsent sein. Eine Fernwirkung ist also gar nicht erforderlich, denn innerhalb einer Ganzheit ist spontane Kommunikation stets möglich. Damit können wir nun auch leicht nachvollziehen, weshalb ein verschränktes Objekt ganz von selbst jederzeit »weiß«, wie es sich an zwei räumlich getrennten Strahlteilern bezüglich Reflexion oder Transmission zu verhalten hat: Es ist einfach an den Orten beider Strahlteiler präsent! Trotz dieser Interpretation haftet den nicht-lokalen Eigenschaften auch weiterhin etwas Geheimnisvolles an. Sie bleiben ein physikalischer Zündstoff, der sogar abgebrühten Physikerinnen und Physikern unter die Haut geht.

Genau hier liegt der Schlüssel, mit dem wir auch aus der Quantenphysik auf die Möglichkeit von Omnipräsenz und Ewigkeit schließen können: Das Zauberwort heißt »Nicht-Lokalität«. Es gibt in der Quantenphysik Ganzheiten mit einer oder auch mehreren nicht-lokalen Eigenschaften. Führen wir an solch einer Ganzheit eine Messung durch, so stellen wir verwundert fest, dass ihre Eigenschaft(en) an verschiedenen Orten präsent ist (sind). Dabei spaltet die Ganzheit erst durch unsere Messung in unterschiedliche Teilchen auf. Wir können den Zustand vor der Messung zwar als *verschränkte Teilchen* bezeichnen, verschleiern jedoch bereits mit dem Teilchenbegriff die eigentliche Ursache für die Verschränkung: die gemeinsame Identität. Da nun aber eine oder auch mehrere Eigenschaft(en) der Ganzheit gleichzeitig an verschiedenen Orten präsent sein kann (können), hat diese Ganzheit damit bereits die Strukturen von Raum und Zeit überwunden. Zur Omnipräsenz und Ewigkeit ist es dann nur noch ein kleiner Schritt. Folglich liefert uns die quantenphysikalische Verschränktheit mit ihrer Nicht-Lokalität einen eindrucksvollen naturwissenschaftlichen Hinweis darauf, dass Omnipräsenz und Ewigkeit prinzipiell möglich sind.

Der Begriff der Verschränktheit beschreibt die Beobachtungen korrekt, ist also durchaus legitim; aber seine Konstruktion ist meiner Meinung nach wegen des eben beschriebenen, wesentlich einfacheren Ganzheitskonzepts gar nicht mehr notwendig. Vielleicht befinden sich somit die entscheidenden Hinweise zu einem tieferen Verständnis der wunderbaren Schöpfung in der Quantenphysik und nicht in der Kosmologie? Vielleicht müssen wir wirklich zuerst das Kleine begreifen lernen, um das Große verstehen zu können?

Platon, der wohl bedeutendste altgriechische Philosoph, hat bereits um 380 vor Christus sein *Höhlengleichnis* formuliert. Hierbei handelt es sich um das Kernstück seiner berühmten Ideenlehre. Nachfolgend möchte ich dir dieses Gleichnis frei übersetzen: »Einige Menschen sind von Geburt an in einer dunklen Höhle so festgebunden, dass sie immer nur auf die ihnen gegenüberliegende Höhlenwand blicken können, die lediglich durch einen über ihnen angebrachten Schlitz beleuchtet wird. Vor der Höhle, auf der Seite der Lichtöffnung, befinden sich andere Menschen unterhalb einer niedrigen Mauer. Hinter diesen Personen brennt ein helles Feuer, vor dem sie wie Puppenspieler verschiedene Figuren und Dinge an Stöcken über die Mauer halten und bewegen. Diese Gegenstände werfen – durch das Feuer angestrahlt – unscharfe und verzerrte Schattenbilder durch den Lichtschlitz an die Höhlenwand. Für die in der Höhle gefesselten Menschen beschränkt sich nun die Wahrnehmung der Welt allein auf solche Schattenbilder. Sie werden für die wirklichen Dinge im Leben gehalten. Diese Situation bleibt auch so, selbst wenn einer befreit wird und danach versucht, die anderen über die wahren Verhältnisse aufzuklären.«[41]

Abb. 25: Platons Höhlengleichnis

In Abbildung 25 habe ich dir das Höhlengleichnis mit einer modernen Grafik illustriert. Sie zeigt uns eine anschauliche und farbenfrohe Zusammenfassung von Platons Ideenlehre: Jedem beobachtbaren Objekt liegt ein immaterielles, ideelles Urbild – eine *Idee* – zugrunde, das wir nur ganz unscharf wahrnehmen können. Das Wort Idee stammt ab vom griechischen ιδειν (auf Deutsch: sehen) und bedeutet demnach ursprünglich *das Gesehene*. Die Analogie zum vorher beschriebenen Ganzheitskonzept ist kaum zu über*sehen:* Die unscharfen und verzerrten Schatten in Platons Höhle symbolisieren, dass unsere Wahrnehmung von der Wirklichkeit nur sehr unzulänglich ist, wie beispielsweise die durch unsere Messung bedingte Aufspaltung eines verschränkten Objekts. Die Idee, die nach Platons Vorstellung einem solchen Objekt zugrunde liegt, besteht in seiner gemeinsamen Identität.

Der Identität eines Objekts entspricht die Seele eines Lebewesens. Höre ich da bei dir etwa ein leises »Aha«? Jawohl! Jetzt schließt sich plötzlich der Kreis in diesem Kapitel; denn nun taucht der Seelenbegriff wieder auf, und zwar im Sinne eines ideellen Urbilds. Wenn wir also Seele mit *lebender Identität* gleichsetzen, dann ist tatsächlich – und in Übereinstimmung mit der hinduistischen Vorstellung – jedes Lebewesen beseelt: Pflanzen, Tiere und Menschen. Und weil Pflanzen über keine gehirnähnliche Struktur verfügen, liegt es nahe, dass auch die menschliche Seele zu Lebzeiten in jeder Körperzelle beheimatet ist. Erst durch ihre Verbindung mit dem Körper wird die Seele lokal!

Zugleich haben wir mit der gemeinsamen Identität eine sehr plausible Erklärung dafür gefunden, was ein verschränktes Objekt in seinem Inneren verbindet. Die Aufspaltung des Objekts in unterschiedliche Teilchen wird – wie dargelegt – erst durch unsere Messung bedingt, indem wir unsere Strukturen von Raum und Zeit auf das Objekt anwenden. Auch etwas anderes, was wir – räumlich und zeitlich bedingt – als Individuen wahrnehmen, könnte in Wirklichkeit eine Ganzheit sein. Vielleicht sind nach dem gleichen Prinzip alle Seelen miteinander verschränkt, also nur verschiedene Aspekte einer Ganzheit, wobei der Grad der Verschränkung durchaus unterschiedlich ausfallen kann. Hiermit ließe sich auch das merkwürdige Phänomen von telepathischen Fähigkeiten erklären. Letztendlich könnten alle Seelen zu einem großen Ganzen verschmelzen, sobald sie Lichtgeschwindigkeit erreicht haben und nicht mehr in Raum und Zeit gefangen sind. Diese Ganzheit würde uns allesamt umfassen; *vielleicht ist sie Gott?* Erstmalig assoziiere ich hier bewusst meinen Seelenbegriff mit meiner Vorstellung von Gott.

Das wirklich Interessante an diesem Konzept ist aber, dass wir die Seele jetzt als ein immaterielles, ideelles Urbild betrachten, das vollkommen unabhängig von der Materie des Objekts beziehungsweise von seinem Körper existieren kann. Damit hat die Seele die besten Voraussetzungen, sogar den körperlichen Tod zu überdauern, weshalb ich so fest davon überzeugt bin, dass es ein Leben nach dem Tod gibt. Aus diesem Grund wollen wir uns gegen Ende des Kapitels wieder denjenigen Menschen widmen, die dem Tod schon einmal sehr nahe gekommen sind. Denn wer sonst könnte das Wesen der Seele besser beurteilen als jemand, der bereits über den Tellerrand dieses irdischen Lebens hinausschauen durfte?

Beginnen wollen wir mit Ginnys Ausführungen über die massive Erweiterung ihres Geistes beziehungsweise ihrer Seele, nachdem sie beinahe an einer Lungenentzündung gestorben wäre: »Die Sterne schienen so schnell an mir vorbeizufliegen, dass sie einen Tunnel um mich formten. Ich begann Bewusstheit zu spüren, Wissen. Je weiter ich vorwärtsgetrieben wurde, desto mehr Wissen erhielt ich. Mein Geist fühlte sich an wie ein Schwamm, er wuchs und wurde mit jeder Hinzufügung größer. Das Wissen kam in einzelnen Wörtern und in ganzen Gedanken- oder Ideenblöcken. Ich schien fähig zu sein, alles, was ich aufsog oder absorbierte, zu begreifen. Ich fühlte, wie sich mein Geist erweiterte und wie er absorbierte, und jede neue Information schien irgendwie an den richtigen Platz zu kommen. Es war, als hätte ich schon alles gewusst, aber es vergessen oder verlegt … Die Sterne veränderten vor meinen Augen ihre Gestalt. Sie begannen zu tanzen und sich in feinen Mustern und Farben anzuordnen, die ich noch nie zuvor gesehen hatte. Sie bewegten sich und wiegten sich in einem Rhythmus, einer Musik von einer Eigenart und Schönheit, wie ich sie noch nie gehört hatte und an die ich mich doch erinnerte. Eine Melodie, die ein Mensch unmöglich hätte komponieren können, und doch war sie mir absolut vertraut und in vollkommener Harmonie mit dem innersten Kern meines Wesens. Als sei sie der Rhythmus meiner Existenz, der Grund meines Seins. Die Extravaganz dieser Bilder und Farben pulsierte in perfektem Einklang mit dem prachtvollen Ganzen. Ich fühlte mich vollkommen im Frieden, beruhigt von dem, was ich sah, und dem melodischen Summen. Ich hätte die ganze Ewigkeit an diesem Ort bleiben können, mit dieser pulsierenden Liebe und Schönheit, die meine ganze Seele durchdrang.«[42]

Auch Susanne ist davon überzeugt, dass die Seele den Körper nur vorübergehend bewohnt. Irgendwann zieht die Seele aus: »Ich war nach drei Tagen und Nächten mit hohem Fieber quasi gar gekocht und hatte nur noch ganz wenig Kraft in mir. In der vierten Nacht mit weiterhin sehr starken Schmerzen im gesamten Körper ging meine Kraft gegen null, und ich sagte mir, dann ist es jetzt eben so weit. Ich begann loszulassen, den dünnen Faden, der mich noch mit dem Leben auf der Erde verband. Sämtliche Angst wich hinfort, eine wohlige, wunderbare Wärme umgab mich, und ich glitt, meinen Körper verlassend, in einen dunklen, warmen, weichen Tunnel hinab in einem sanften Bogen nach unten. Sämtliche Schmerzen waren nicht mehr vorhanden, stattdessen ein ganz angenehmes wohliges Gefühl der Wärme, welches ich noch nie zuvor gekannt habe … Was mache ich nun hier, nachdem ich wieder auf der Erde bin? Durch die Nahtoderfahrung ist es sehr klar, dass das Leben nur in gewisser Weise endlich ist, nämlich bezogen auf die Zeit, die die Seele den derzeitigen Körper bewohnt. Wenn sie dann auszieht beziehungsweise umzieht, dann ist dieser Teil des Lebens in dieser Dimension beendet. Aber eben nur dieser Teil. Ich finde es sehr beruhigend, darüber Gewissheit zu haben.«[43]

Außerkörperliche Erfahrungen spielen in den Sterbeerlebnissen oft eine wichtige Rolle, wie es der folgende Bericht sehr eindrucksvoll verdeutlicht: »Eines Tages bekam ich einen Hustenkrampf und muss mir dabei einen Bandscheibenriss in der Lendenwirbelgegend zugezogen haben … Ich drehte mich herum und wollte mich in eine etwas bequemere Lage bringen, da erschien genau in diesem Moment ein Licht in der Zimmerecke, dicht unter der Decke. Es war so etwas wie eine Kugel aus Licht. Etwa wie ein Leuchtglobus, nicht sehr groß, ich würde sagen: 30 bis 40 Zentimeter im Durchmesser, nicht mehr. Als dieses Licht da auftauchte, überkam mich ein Gefühl, kein schauriges Gefühl, nein, das nicht. Es war eher ein Gefühl von vollkommenem Frieden und wunderbarem Gelöstsein. Ich konnte sehen, wie eine Hand zu mir herabreichte von dem Licht, und das Licht sprach: Komm mit mir, ich möchte dir etwas zeigen … Ich wurde emporgehoben zu der Stelle, wo das Licht war, und wir begannen nun gemeinsam, durch Decke und Wand des Krankenzimmers hindurchzudringen hinein in den Flur, den Flur entlang, durch den Fußboden abwärts, wie es schien, in ein tiefer gelegenes Stockwerk der Klinik. Ohne jede Schwierigkeit

konnten wir durch Türen oder Wände gehen. Sie verflüchtigten sich einfach, wenn wir auf sie zugingen.«[44]

Wenn Kinder ein Nahtoderlebnis haben, berichten sie besonders fröhlich von der jenseitigen Welt. Dies mag zum Teil daran liegen, dass sich ein Kinderherz leichter erfreuen lässt als das Herz eines Erwachsenen. Es hängt aber vielleicht auch ganz einfach damit zusammen, dass das Jenseits tatsächlich eine freundliche Umgebung darstellt und die Seele eines Kindes noch einen »besseren Draht« zum Jenseits hat als die eines Erwachsenen. Denn sollte unsere Seele tatsächlich in einem Jenseits beheimatet sein und sich nur übergangsweise mit unserem Körper verbinden, dann hätte die Seele eines Kindes noch frischere Erinnerungen an das Jenseits als die eines Erwachsenen. Die Seele eines Kindes ist noch unverdorben. Erst mit steigendem Lebensalter läuft sie Gefahr, ihre Fröhlichkeit zu verlieren und sich zu verstricken in den materiellen Verlockungen unserer irdischen Welt. Das ursprüngliche Wesen der Seele sollte demnach tatsächlich am besten bei den Schilderungen von Kindern zum Vorschein kommen.

Der Arzt Melvin Morse hat sehr viele Nahtoderfahrungen bei Kindern untersucht. Mit drei kurzen Zitaten über den Himmel – verfasst in typischer Kindersprache – wollen wir nun dieses Kapitel schließen: »Ich will dir ein wunderbares Geheimnis verraten. Ich bin eine Treppe zum Himmel hinaufgestiegen.« Ein anderes Kind: »Ich wusste, dass dies der Himmel war, weil alle Dinge strahlten und alle Leute fröhlich waren.« Und auch das dritte Kind möchte uns etwas Wichtiges mitteilen: »Sie werden sehen, der Himmel ist lustig.«[45]

Wichtiges zum Mitnehmen:
Ein verschränktes Objekt ist eine Ganzheit mit einer gemeinsamen Identität, lässt sich aber nicht in den Strukturen von Raum und Zeit beobachten. Die quantenphysikalische Verschränktheit liefert uns mit ihrer Nicht-Lokalität einen eindrucksvollen, naturwissenschaftlichen Hinweis, dass Omnipräsenz und Ewigkeit prinzipiell möglich sind. Der Identität eines Objekts entspricht die Seele eines Lebewesens. Alles, was fühlen und lernen kann, verfügt über ein Bewusstsein, also über eine Seele. Die Seele ist ein immaterielles, ideelles Urbild, das vollkommen unabhängig vom Körper existieren kann, so dass es wahrscheinlich ein Leben nach dem Tod gibt.

Die Schöpfung

1. Mose 1

Am Anfang schuf Gott Himmel und Erde ...

Und Gott sprach: Es werde Licht ... Da schied Gott das Licht von der Finsternis und nannte das Licht Tag und die Finsternis Nacht ...

Und Gott sprach: Es werde eine Feste ... Da schied Gott das Wasser unter der Feste von dem Wasser über der Feste ... Und Gott nannte die Feste Himmel.

Johannes 1

Das Licht scheint in der Finsternis, und die Finsternis hat es nicht ergriffen.

Johannes 3

Wer Böses tut, der hasst das Licht ... Wer aber die Wahrheit tut, der kommt zu dem Licht, damit offenbar wird, dass seine Werke in Gott getan sind.

Jakobus 1

Alle gute Gabe kommt von dem Vater des Lichts, bei dem keine Veränderung ist noch Wechsel von Licht und Finsternis.

In Lucys Worten

Am Anfang schuf der Schöpfer Jenseits und Diesseits.

Der Schöpfer sprach: Es werde Licht. Da schied der Schöpfer das Licht von der Finsternis und schuf damit Zeit.

Der Schöpfer sprach: Es werde eine Abgrenzung. Da schied der Schöpfer das Hier vom Dort und schuf damit Raum.

Das Licht scheint in der materiellen Welt, aber die Materie kann nicht seine Geschwindigkeit erreichen.

Wer Böses tut, der hasst das Licht. Wer aber Verantwortung übernimmt, der taucht ein in das Licht, damit offenbar wird, dass seine Werke zum Gelingen dieser Schöpfung beitragen.

Alle Liebe und alles Wissen kommt vom Schöpfer des Lichts, bei dem es weder Raum noch Zeit gibt.

Wir wollen kurz zusammenfassen, welche Eigenschaften wir bisher der *Materie* zuschreiben konnten:

* Bei Bewegungen unterhalb der Lichtgeschwindigkeit sind Längenkontraktion und Zeitdilatation messbare Effekte der Relativität von Raum und Zeit.
* Weil sich Materie nur langsamer als mit Lichtgeschwindigkeit bewegen kann, ist sie der Relativität von Raum und Zeit unterworfen.

Demgegenüber hat das *Licht* Eigenschaften, die traditionellerweise dem Schöpfer oder Gott zugeschrieben werden:

* Bei Bewegungen mit Lichtgeschwindigkeit führt der gemeinsame Grenzfall von Längenkontraktion und Zeitdilatation zur Omnipräsenz und Ewigkeit.
* Weil sich Licht immer mit Lichtgeschwindigkeit bewegen muss, befindet sich Licht in der Omnipräsenz und Ewigkeit.

Materie und Licht unterscheiden sich insbesondere dadurch, dass nur die Materie die diesseitigen Strukturen von Raum und Zeit nicht überwinden kann. Somit liegt es nahe, das Diesseits mit der Materiewelt und das Jenseits mit einer Art Lichtwelt gleichzusetzen. Beide Welten sind aber keineswegs voneinander getrennt, sondern bilden eine Ganzheit; denn Materie und Licht können sich gemäß Albert Einsteins berühmter Äquivalenz von Masse und Energie ineinander umwandeln.[2]

Wir hatten bereits im Kapitel *Unsere materielle Welt* den ganzheitlichen Begriff der Raumzeit geprägt, einer vierdimensionalen Struktur aus Raum und Zeit. Aber wer oder was spannt denn eigentlich die Raumzeit in unserem Universum auf? Es muss doch etwas sein, was sich außerhalb von Raum und Zeit befindet. Also kann es nicht die Materie sein, wohl aber das Licht. *Die Raumzeit wird aufgespannt durch die Bewegung des Lichts!* Unser beobachtbares Universum reicht so weit, wie sich das Licht seit dem Urknall ausbreiten konnte. Jeder **blaue** Kreis in Abbildung 26 entspricht einer weiteren Ausdehnung um eine Milliarde Lichtjahre. Da das Alter unseres Universums auf 13,7 Milliarden Jahre geschätzt wird,[46] hat es heute einen Radius von 13,7 Milliarden Lichtjahren.

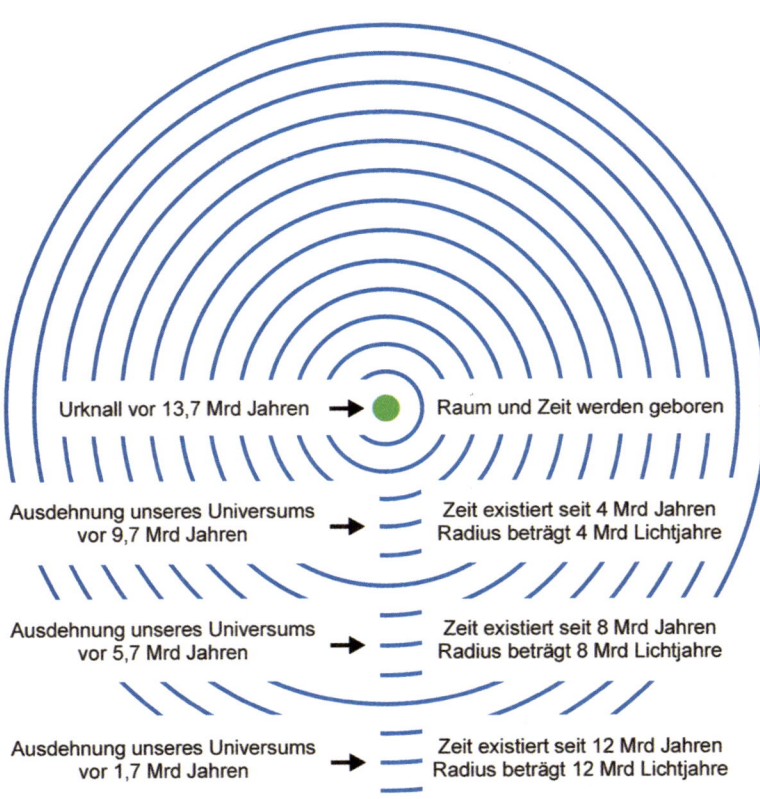

Abb. 26: Die Ausdehnung unseres Universums

Indem das Licht Raum und Zeit in ein Verhältnis zueinander setzt, hebt es beide erst aus der Taufe. Folglich dürfen wir das Licht als den eigentlichen Ursprung von Raum und Zeit betrachten. Diese Feststellung steht nicht im Widerspruch zur theologischen Weltanschauung, dass Gott der Schöpfer von allem sei, weil auch das Licht von Gott geschaffen ist. In vielen Religionen und Nahtoderfahrungen ist sogar Gott selbst das alles erleuchtende Licht, denn für ihn gibt es wohl kaum eine würdigere Umschreibung als die Faszination Licht. Ein bekanntes Beispiel finden wir in der Bibel, wo Christus von sich sagt: »Ich bin das Licht der Welt.«[47]

Das Licht hat aber der Materie ein schweres Joch auferlegt: Sie muss sich immer langsamer als die Lichtgeschwindigkeit bewegen und kann

deshalb weder Raum noch Zeit überwinden. Die Lichtgeschwindigkeit stellt somit eine ganz natürliche Barriere dar, die so interpretiert werden kann, dass alle materiellen Werte in der irdischen Welt zurückbleiben müssen und nur immaterielle Werte im Jenseits Bestand haben können. Die Materie versucht stets, sich aus diesem Gefangensein zu befreien und verbiegt beziehungsweise krümmt dabei das Gitter der Raumzeit. Auch unsere Seele ist in der Raumzeit gefangen, solange sie einen Körper aus Materie bewohnt. Vielleicht müssen wir spüren, was Körperlichkeit bedeutet, um das Materielle schließlich überwinden zu können?

Welches Verhältnis haben wir eigentlich zu Raum und Zeit? Oder anders gefragt: Welche Rolle spielen Raum und Zeit überhaupt bei unseren Erfahrungen über die Welt? Nur weil wir in einen materiellen Körper hineingeboren werden, steht doch bereits mit der Geburt fest, dass wir unsere Welt räumlich und zeitlich strukturiert erleben werden; denn Materie ist in den Strukturen von Raum und Zeit gefangen. Wir können nur mit einem materiellen Körper wahrnehmen. Folglich sind Raum und Zeit nicht das Ergebnis, sondern die Voraussetzung für all unsere Erfahrung. Dies hatte bereits Immanuel Kant vor über 200 Jahren in seiner *Kritik der reinen Vernunft* erkannt.[48] Carl Friedrich von Weizsäcker formulierte die Verknüpfung von Erfahrung und Zeit gerne so: »Erfahrung geschieht in der Zeit.«[49]

Jetzt dürfen wir einen großen Kreis schließen, den wir im Kapitel *Das Vorspiel* mit einem Gedanken über die Bedeutung von Zeit begonnen hatten! Darf ich kurz rekapitulieren? Zeit ist die notwendige strukturelle Voraussetzung dafür, dass wir überhaupt Wissen erwerben können, weil das Lernen ein zeitlicher Vorgang ist. Leben wir vielleicht deshalb in einer Welt, in der es Zeit gibt? Eben, um Wissen erwerben zu können und dabei auch aus eigenen Fehlern zu lernen?

Wenn dem so ist, welche tiefere Bedeutung könnte es dann haben, dass es in unserer Welt neben Zeit auch noch Raum gibt? Wir können eine einfache Antwort auf diese knifflige Frage finden, indem wir uns nun überlegen, wofür Raum eine notwendige strukturelle Voraussetzung darstellt. Den wichtigsten Hinweis liefert wieder mal die moderne Sterbeforschung. In zahlreichen Nahtoderfahrungen ist nämlich eine aussagekräftige Botschaft für uns alle enthalten: »Das Lichtwesen … habe sie [die Menschen] … besonders auf die Bedeutung zweier Dinge im

Leben hingewiesen: andere Menschen lieben zu lernen und Wissen zu erwerben.«[50] Tatsächlich besteht das Leben für sehr viele Nahtoderfahrene nur noch aus zwei zentralen Elementen: die Bedeutung von Liebe erfahren und Wissen erwerben. Wenn nun aber Zeit erst den Erwerb von Wissen ermöglicht, wie eben erläutert, könnte uns dann vielleicht Raum erst zur Liebe befähigen? Erinnern wir uns doch an das Neugeborene, das seine erste Zuneigung an der Brust der Mutter sucht.

Ich bekomme jetzt noch eine Gänsehaut, wenn ich daran denke, wie mir dieser Gedanke zum ersten Mal durch den Kopf ging. Jawohl, das könnte wahrhaftig der Schlüssel zu unserem erweiterten Weltbild sein! Raum ist die notwendige strukturelle Voraussetzung dafür, dass wir überhaupt die Bedeutung von Liebe erfahren können. Denn für eine solche Erfahrung braucht es immer mindestens zwei Subjekte: Den einen *hier*, der Liebe gibt. Und den anderen *dort*, der diese Liebe empfängt. Folglich benötigen wir Raum – nämlich ein Hier und ein Dort –, um die Bedeutung von Liebe erfahren zu können.

So, und nun bitte ich dich herzlich um deine allerhöchste Aufmerksamkeit, weil ich dir gleich die allerwichtigste Erkenntnis aus unserer gemeinsamen Reise zum Ursprung von Raum und Zeit offenbaren werde. Wir beide haben nämlich soeben eine von vielen möglichen Erklärungen gefunden, warum wir eigentlich hier auf der Erde sind. Aber zugleich ist es auch eine nie zuvor formulierte, verblüffende, schlüssige und – nach der Lektüre dieses Buches – glaubwürdige Erklärung:

Lucys Erkenntnis
Wir müssen ein irdisches Leben in Raum und Zeit verbringen, um überhaupt erst in der Lage zu sein, die Bedeutung von Liebe zu erfahren und Wissen zu erwerben.

Diese Erkenntnis ist so gewaltig, dass ich dich auffordern möchte, selbst einmal in aller Ruhe über ihre tiefe Aussagekraft nachzudenken. Liebe und Wissen sind demnach nicht nur die zwei Schlüsselbegriffe in den meisten Nahtoderfahrungen, sondern bilden zugleich die beiden zentralen Elemente der Schöpfung. Zu dieser Erkenntnis gelangen wir interessanterweise über eine Synthese von Theologie (nämlich dem Glauben an die Existenz einer Seele), moderner Sterbeforschung (nämlich der

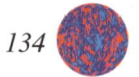

Annahme, dass Nahtoderfahrungen etwas Reales sind) und Physik (nämlich den Aussagen der speziellen Relativitätstheorie über Raum und Zeit). Was eine einzelne Wissenschaft allein nicht vermag, glückt uns erst aus einer fachübergreifenden, interdisziplinären Perspektive.

Und dennoch: Ich gebe mich noch nicht mit dieser Erkenntnis zufrieden, sondern setze noch etwas drauf. Ich behaupte, dass die Nahtoderfahrungen den wichtigsten Schlüssel liefern, mit welchem wir die tiefe Kluft zwischen dem theologischen und dem naturwissenschaftlichen Weltbild überwinden können. Viele Religionen stellen die Bedeutung von Liebe in den Vordergrund, der Erwerb von Wissen ist zweitrangig. Bei den Naturwissenschaften ist es genau umgekehrt: Mit ihnen soll neues Wissen erworben werden, doch die Bedeutung von Liebe spielt keine Rolle. Nahtoderfahrene weisen uns den **goldenen** Mittelweg, dass nämlich sowohl Liebe als auch Wissen wichtig sind. Nahtodberichte bilden ein nicht zu unterschätzendes Bindeglied, indem sie die aufklärende Funktion eines Vermittlers zwischen der Theologie und der Naturwissenschaft übernehmen. Dieser Grenzbereich zwischen Leben und Tod müsste meines Erachtens in seiner Bedeutung viel höher bewertet werden, als es heute in unserer Gesellschaft der Fall ist. Dabei liegt es doch nahe, Sterbeerlebnisse heranzuziehen, wenn wir etwas »aus erster Hand« über ein Leben nach dem Tod in Erfahrung bringen wollen; denn Nahtoderfahrene sind dem Tod wesentlich näher gekommen, als es die traditionelle Theologie oder die moderne Naturwissenschaft jemals vermag.

Die Gemeinschaft aller Nahtoderfahrenen hat aber auch noch etwas anderes ganz Großes geschafft, was unsere Weltreligionen bis heute leider nicht erreicht haben und was ich als die *ethische Komponente* der Nahtoderfahrungen bezeichnen will: nämlich gegenseitige Akzeptanz und Anerkennung. Wie das? Nahtoderfahrungen von Christen, Juden, Muslimen, Buddhisten, Hindus und ungläubigen Menschen decken sich in wirklich bemerkenswerter Weise. Tatsächlich sind Sterbeerlebnisse weitgehend unabhängig von der religiösen Überzeugung der Betroffenen, worauf letztendlich auch ihr gegenseitiges hohes Verständnis füreinander beruht. Liegt es daher nicht nahe, dass in jedem Glauben ein kleines Fünkchen Wahrheit enthalten ist? Ich bin davon überzeugt, dass jede Weltreligion für sich Teile dieser Wahrheit gefunden hat. Aber auf die richtige Mischung kommt es an. Das Christentum

und der Buddhismus kommen beispielsweise mit ihren jeweiligen zentralen Gedanken von *Liebe/Gnade* beziehungsweise von *Wissen/ Meditation* den beiden Elementen Liebe und Wissen aus den Nahtoderfahrungen am nächsten. Andererseits zeichnet sich das Judentum durch seinen *offenen, ganzheitlichen Denkansatz* aus, der sehr tief im Hebräischen verwurzelt ist[51] und in unserem griechisch-analytischen Denken leider verloren gegangen ist. Es ist sicher kein Zufall, dass Albert Einstein erst aufgrund seines jüdisch-ganzheitlichen Denkens zu seinen Relativitätstheorien inspiriert wurde. Gemäß meinen Ausführungen über die Seele dürfen wir dem Hinduismus das große Verdienst zusprechen, erkannt zu haben, dass alles Leben beseelt ist und wir aufgefordert sind, das *Leben zu achten.* Der ursprüngliche (!) Islam weist uns mit der Wurzel seines Namens – Unterwerfung unter Gott – den Weg zu einem *friedlichen Miteinander,* das über alle rassischen und politischen Grenzen hinweg nur ein einziges Ziel kennt: den Willen Gottes auszuführen.

In der folgenden Tabelle habe ich die fünf Aspekte zusammengefasst, die meines Erachtens die Schöpfung am besten beschreiben und den kleinsten gemeinsamen Nenner unseres Daseins bilden. Alles andere ist nur Ballast und Ausschmückung der Religionen. Mit der Gemeinschaft der Nahtoderfahrenen als Vorbild kann es uns hoffentlich gelingen, dieses Beiwerk endgültig zu überwinden und *liebend, nach Wissen strebend, ganzheitlich denkend, das Leben achtend und friedlich miteinander* zu … leben! Dieses uns zuteil gewordene Leben ist ein Geschenk Gottes an uns. Gefahr droht allerdings, wenn fundamentalistische Strömungen überwiegen und eine Religion den Anspruch erhebt, für sich allein die Wahrheit gefunden zu haben. Denn entweder existiert überhaupt kein Gott, oder aber – und davon bin ich selbst felsenfest überzeugt – es gibt genau einen Gott für uns alle.

Weltreligion	Verdienst
Christentum	Bedeutung von Liebe/Gnade
Buddhismus	Bedeutung von Wissen/Meditation
Judentum	offenes, ganzheitliches Denken
Hinduismus	Achtung vor dem Leben
Islam	friedliches Miteinander

Oft werde ich von meinen Leserinnen und Lesern gefragt, ob es auch eine Hölle gebe und wie sie mit meinem Axiom vereinbar sei. In diesem Kontext werde ich auch manchmal gebeten, mich zu *negativen Nahtoderlebnissen* zu äußern. Hierbei handelt es sich um Sterbeerfahrungen, die nicht mit Freude und Frieden, sondern mit Angst und Schrecken verbunden sind. Allerdings gibt es nur sehr wenige derartige Berichte. Es wird geschätzt, dass nicht einmal 10 Prozent aller Nahtoderfahrungen von negativer Natur sind.[52] Interessanterweise verblassen selbst die schlimmsten Erlebnisse, sobald die Betroffenen in das Licht eintauchen. Demnach steht das Lichtwesen tatsächlich für eine grenzen- und bedingungslose Liebe. Auch diesbezüglich gibt es wieder eine sehr schöne Parallele zu religiösen Vorstellungen. Beispielsweise geht das Christentum davon aus, dass die Liebe Gottes unermesslich sei – also eine unendlich große Liebe, die allen zuteil wird. Somit kann keiner dauerhaft in der Hölle verschwinden, weil er dann von Gottes Liebe ausgeschlossen wäre, und seine Liebe wäre nicht mehr grenzenlos. Ist die Hölle etwa nur eine intelligente Erfindung der Kirchen, um all ihre Gläubigen zu Gehorsam und Moral zu erziehen? Nicht ganz, denn es lässt sich nicht leugnen, dass es tatsächlich auch negative Nahtoderlebnisse mit einer Art Höllencharakter gibt. Wer also ein schlimmes Verbrechen begangen hat, wie ein Attentat, der wird – solchen Nahtodberichten zufolge – zunächst äußerst qualvolle und schmerzhafte Sterbeerfahrungen machen müssen. Seine Lebensrückschau kann ihm aber dabei helfen, aus den eigenen Fehlern zu lernen. Viele Sterbeforscher gehen davon aus, dass keine Seele verloren geht. Will heißen: Jede Seele wird schließlich ins Licht eintauchen, auch wenn sie zuvor vielleicht noch die eine oder andere Verzögerung – aufgrund geringerer Beschleunigung – zu meistern hat. Mit jeder Verzögerung könnte ein negatives Erlebnis, eine Höllenqual, verbunden sein.

Howard hatte eine zunächst furchterregende Nahtoderfahrung, wurde aber dann gläubig: »Von dem Lichtwesen vollkommen erkannt, angenommen und intensiv geliebt zu werden übertraf nach dem, was ich durchgemacht hatte, alles, was ich bisher gekannt hatte oder mir hätte vorstellen können. Ich begann zu weinen; meine Tränen wollten gar nicht mehr aufhören. Ich stieg nach oben, eingehüllt in dieses leuchtende Wesen. Zuerst langsam, aber dann schossen wir mit ungeheurer Geschwindigkeit, gleich einer Rakete, aus diesem dunklen, abscheulichen

Ort hinaus. Ich spürte, dass wir eine enorme Strecke zurücklegten, aber trotzdem schien nur sehr wenig Zeit zu verstreichen. Dann sah ich in der Ferne eine weite beleuchtete Fläche, die wie eine Galaxie aussah. In ihrem Zentrum herrschte ein ungeheuer konzentriertes Licht … mit einer Intensität, die alles übertraf, was ich als Künstler je gesehen hatte. Als wir uns näherten, wurde ich von einer fühlbaren Strahlung durchdrungen, die ich als intensive Gefühle und Gedanken erlebte … Während der Erfahrung hatte ich das Gefühl, mit allem in Verbindung zu sein, aber danach konnte ich mich an das Wissen nicht mehr erinnern. Und für einige Zeit in der Gegenwart des großen Lichts war ich jenseits aller Gedanken. Den Austausch, der in dieser Zeit stattfand, in Worte zu fassen ist nicht möglich. Einfach ausgedrückt könnte ich sagen, ich erfuhr, dass Gott mich liebt.«[53]

Wenden wir uns nun wieder der Naturwissenschaft und der Naturphilosophie zu. Abbildung 27 zeigt uns, wie sich unser Universum aus der Sicht eines Satelliten präsentiert. Zu erkennen sind Temperaturschwankungen (**rot**: warm, **blau**: kalt) der kosmischen Hintergrundstrahlung. Im Kontrast dazu illustriert Abbildung 28 die vier Grundelemente Feuer, Erde, Wasser und Luft, welche in der griechischen Naturphilosophie als *Ursprungsstoffe des Lebens* bezeichnet wurden. Beide Bilder haben eines gemeinsam: Auf den ersten Blick erscheinen sie leer und leblos. Wie war es möglich, dass es nicht dabei blieb? Wie konnte es passieren, dass Leben in diese Welt kam? Und wie kommt nun eigentlich dieses Schlusskapitel zu seinem provokanten Untertitel *Ein weises Spiel Gottes?*

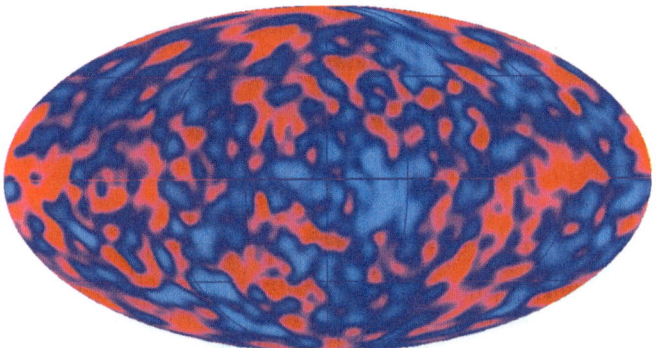

Abb. 27: Unser Universum, aufgenommen vom Satelliten COBE

Abb. 28: Die vier Grundelemente Feuer, Erde, Wasser und Luft

Wenn es einen Gott gibt, der uns dieses irdische Leben in Raum und Zeit schenkt, damit wir die Bedeutung von Liebe erfahren und Wissen erwerben können, dann lässt sich die ganze Schöpfung auch als eine Art Spiel betrachten. Nicht bloß ein Spiel zum Zeitvertreib, sondern ein weises, zielgerichtetes Spiel! In diesem Spiel Gottes sind wir die Spielfiguren, die sich durch Raum und Zeit bewegen können. Jede unserer Handlungen ist nur ein klitzekleiner Spielzug. Beispielsweise wird im Sanskrit, der Sprache der ältesten indischen Literatur, die Verschmelzung von zwei sich Liebenden als das *Juwel der Spiele* bezeichnet. Zwar erlaubt es uns der freie Wille, eigene Entscheidungen im Leben zu treffen, wodurch viel kreatives Potenzial in uns freigesetzt wird; doch zugleich nimmt er uns auch in die Pflicht, die Verantwortung für all unsere Taten zu übernehmen. Hätte Gott eine fertige Welt geschaffen, dann könnte er uns weder einen Freiraum einräumen noch zur Verantwortung ziehen. So aber sind wir alle stets aufgefordert, mit jeder unser Handlungen kreativ zum Gelingen dieser wunderbaren Schöpfung beizutragen, indem wir das Spiel der Schöpfung erfolgreich im Sinne Gottes vollenden. Er selbst hat seine Schöpfung so weise angelegt, dass sie sich durch das Mitwirken aller Seelen vollzieht, ohne dass er dauernd lenken und eingreifen muss.

Literarisch betrachtet kommt Hermann Hesse mit seinem berühmt gewordenen Gleichnis vom *Glasperlenspiel* einem solchen Spiel der Schöpfung bereits sehr nahe. Für ihn ist es ein Spiel mit sämtlichen Inhalten und Werten unserer Kultur: »Was die Menschheit an Erkenntnissen, hohen Gedanken und Kunstwerken in ihren schöpferischen Zeitaltern hervorgebracht, was die nachfolgenden Perioden gelehrter Betrachtung auf Begriffe gebracht und zum intellektuellen Besitz gemacht haben, dieses ganze ungeheure Material von geistigen Werten wird vom Glasperlenspieler so gespielt wie eine Orgel vom Organisten, und diese Orgel ist von einer kaum auszudenkenden Vollkommenheit, ihre Manuale und Pedale tasten den ganzen geistigen Kosmos ab, ihre Register sind beinahe unzählig, theoretisch ließe mit diesem Instrument der ganze geistige Weltinhalt sich im Spiele reproduzieren.«[54]

In Abbildung 29 habe ich versucht, die wesentlichen Erkenntnisse dieses Buches auf ein gemeinsames Spielbrett zu bannen. Seine Form ist dem Spieleklassiker *Monopoly* nachempfunden. Wenn du allen meinen Ausführungen aufmerksam gefolgt bist, wirst du so manches sofort wiedererkennen: die **rote** Passantin, die **grüne** Joggerin, das Licht am Ende eines Tunnels, die verschränkten Würfel, das Feuer und die Puppenspieler aus Platons Höhlengleichnis und noch vieles mehr. Bitte nimm dir ein wenig Zeit, um dieses Bild über das Spiel der Schöpfung zu betrachten und die vielen kleinen Details hierin zu entdecken.

Das Startfeld rechts unten ist unsere Heimat: die Erde. Beim Monopoly ist es das Losfeld. Auch wir haben ein ganz großes Los gezogen, nämlich ein Erdenbürger sein zu dürfen und somit an diesem Prozess der Schöpfung teilnehmen zu können. Gegenüber der Erde befindet sich die Sonne: die wichtigste Energiequelle für fast alles Leben auf unserem Planeten. Die warmen Lichtstrahlen der Sonne erreichen selbst die entferntesten Winkel in dieser Welt. Alle Kulturen der Menschheit mit ihren unterschiedlichen Religionen werden durch das Sonnenlicht erhellt; nämlich ganz im Sinne der Ringparabel aus *Nathan der Weise* von Gotthold Ephraim Lessing: Keine Religion darf sich jemals anmaßen, »die einzig richtige« zu sein, sondern wir sind aufgefordert, stets so zu handeln, wie wir es auch von unseren Mitmenschen erwarten. Demnach darf eine bestimmte Glaubensrichtung allenfalls mit glaubwürdigeren Argumenten überzeugen, aber niemals mit Gewalt.

Abb. 29: Spiel der Schöpfung

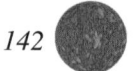

Erde und Sonne belegen zwei der wichtigen Eckfelder auf dem Spielbrett. Die anderen beiden Eckfelder sind Raum und Zeit gewidmet, dargestellt durch die drei Raumkoordinaten beziehungsweise durch eine Uhr. Und, wie könnte es anders sein? Auch die beiden zentralen Elemente der Schöpfung – Liebe und Wissen – finden ihren geeigneten Platz auf dem Spielbrett. Diese Begriffe habe ich in unmittelbare Nähe von Raum und Zeit platziert: Raum öffnet die Tür zur Liebe, Zeit hingegen das Fenster zum Wissen. Erst die Relativität von Raum und Zeit ermöglicht es uns, das Absolute – Liebe und Wissen – zu erkennen. Monopoly ist ein Spiel um Besitz und Geld, das die Mitspielenden in wenige Reiche und viele Arme *trennt.* Dagegen ist die Schöpfung ein Spiel um Liebe und Wissen, das uns *verbindet,* angedeutet durch das gemeinsame Wasser und Sonnenlicht.

Das Spielbrett zeigt auch wieder die vier Grundelemente Feuer, Erde, Wasser und Luft aus der griechischen Naturphilosophie: Als Quelle des Lichts steht Feuer für die Lebensenergie, Erde für den Lebenssamen, Wasser für das Lebenselixier und Luft für den Lebensodem. Wir brauchen Luft zum Atmen. Naturwissenschaftlich gesehen ist Atmen die Grundlage für den Stoffwechsel, also für die Umsetzung von Energie. Im Hebräischen stammen die beiden Worte »Atmen« und »Seele« von derselben Wurzel ab. Demnach sind auch Energie und Seele eng miteinander verknüpft. Alles, was atmet – somit stoffwechselt –, ist beseelt: Menschen, Tiere und auch Pflanzen. Erst durch die in der Natur realisierte, faszinierende Vielfalt von Seelen wird Abbildung 29 so lebendig verglichen mit Abbildung 28. Hört ein Lebewesen auf zu atmen, muss seine Seele den Körper verlassen. Für die meisten Lebewesen kommt der eigene Übergang ins Jenseits, der Tod, plötzlich und völlig unerwartet. Auch auf dem Spielbrett reiht sich das zugehörige Feld als ein Tunnel zum Licht ganz zufällig irgendwo in den Zyklus des Lebens ein.

Fünf Spielfiguren befinden sich auf unseren Spielfeldern. Darunter sind auch drei der wirklich großen Persönlichkeiten aus den Bereichen Politik, Wissenschaft und Kunst: Mahatma Gandhi, Albert Einstein und Johann Sebastian Bach. Für sie war die Existenz eines Schöpfers über jeden Zweifel erhaben, was die drei folgenden Zitate klipp und klar belegen. Gandhis Ideologie steht hierbei stellvertretend für die *Menschlichkeit,* Einsteins Theorien für die *menschliche Erkenntnisfähigkeit* und – last but not least – Bachs Musik für die *menschliche Intuition.*

»Ich zögere nicht zu sagen, dass ich der Existenz Gottes
mehr gewiss bin als unserer Anwesenheit in diesem Raum.«
Mahatma Gandhi

»Im unbegreiflichen Weltall offenbart sich
eine grenzenlos überlegene Vernunft.«
Albert Einstein

»Wenn man Gott mit seiner Musik nicht ehrt,
ist die Musik nur ein teuflischer Lärm und Krach.«
Johann Sebastian Bach

Die wichtigsten Mitspieler sind aber zwei andere: eine rote und eine
silbergraue Figur. Die Person im Rollstuhl ist besonders beachtens-
wert und trägt deshalb eine rote Signalfarbe. Sie repräsentiert die
Gesamtheit aller unserer Mitmenschen – ganz gleich, welche Eigen-
heiten, Hautfarben oder Handicaps sie haben mögen. *Alle* Mitmenschen sind gemeint, insbesondere aber solche mit einer körperlichen
oder geistigen Behinderung. Letztere dürfen sich sogar am allermei-
sten freuen: Auch wenn ihr Erfahrungshorizont im Diesseits beschränkt
sein mag, im Jenseits wartet umso mehr Wissen auf sie. Die silbergraue Figur ist ein Spiegel deiner selbst. Will heißen: Nicht nur die
großen Leute wie Gandhi, Einstein oder Bach nehmen am Spiel der
Schöpfung teil, auch so kleine Lichter wie du und ich. Jeder von uns ist
aufgefordert, seinen Möglichkeiten entsprechend kreativ zu sein und
etwas zu schöpfen. Die Möglichkeiten hierfür sind unbegrenzt, sei
es das Malen eines schönen Bildes, das Zubereiten eines leckeren
Essens, das Gründen einer liebenswerten Familie oder einfach das
Geben von Zuneigung und das Anbieten von Hilfsbereitschaft. Weitere
Spielanweisungen brauche ich dir nicht zu geben. Du hast sie bereits in
die Wiege gelegt bekommen: Es ist dein eigenes Leben! Du selbst
spielst es, das Spiel der Spiele, immer wieder, und das *an jedem neuen
Tag.*
   Ja, und dann ist da natürlich noch einer, der auf den ersten Blick
unsichtbar zu sein scheint und folglich nicht mit dem bloßen Auge er-
kennbar ist. Wenn du dich aber auf dieses Spiel einlässt und das Leben
mit all deinen Sinnen begreifst, dann wirst auch du ihn vielleicht er-

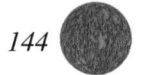

fahren … in allen Farben eines Regenbogens, in allen Klängen einer Symphonie, in allen Zärtlichkeiten eines guten Freundes, in allen Geschmacksvariationen eines köstlichen Desserts und in allen Duftnoten einer blühenden Blumenwiese. Ihm zu Ehren wollen wir nun eines der schönsten Lieder singen, das es jemals gab. Dietrich Bonhoeffer verfasste seinen Text, der auf wunderbare Weise Liebe (Geborgenheit) und Wissen (Gewissheit) verbindet:

»Von guten Mächten treu und still umgeben,
behütet und getröstet wunderbar,
so will ich diese Tage mit euch leben
und mit euch gehen in ein neues Jahr.
Von guten Mächten wunderbar geborgen,
erwarten wir getrost, was kommen mag.
Gott ist mit uns am Abend und am Morgen
und ganz gewiss an jedem neuen Tag.

Lass warm und hell die Kerzen heute flammen,
die du in unsre Dunkelheit gebracht.
Führ, wenn es sein kann, wieder uns zusammen.
Wir wissen es, dein Licht scheint in der Nacht.
Von guten Mächten wunderbar geborgen,
erwarten wir getrost, was kommen mag.
Gott ist mit uns am Abend und am Morgen
und ganz gewiss an jedem neuen Tag.

Wenn sich die Stille nun tief um uns breitet,
so lass uns hören jenen vollen Klang
der Welt, die unsichtbar sich um uns weitet,
all deiner Kinder hohen Lobgesang.
Von guten Mächten wunderbar geborgen,
erwarten wir getrost, was kommen mag.
Gott ist mit uns am Abend und am Morgen
und ganz gewiss an jedem neuen Tag.«
Dietrich Bonhoeffer

»Wunderbar geborgen« – »Gott ist mit uns« – »ganz gewiss an jedem neuen Tag«. Wer immer noch seine Zweifel hat, möchte es doch bitte selbst mal ausprobieren: Nimm dir ganz fest vor, mindestens einmal pro Tag einem Mitmenschen bewusst mit Liebe zu begegnen und mindestens einmal pro Tag dir bewusst neues Wissen anzueignen. Halte einen Monat durch und entscheide danach selbst, ob du deinem Leben etwas mehr Sinn gegeben hast.

Kehren wir nochmals zurück zur Idee, die Schöpfung als ein Spiel zu betrachten. Eine höchst reizvolle Variante dieses Spiels, welche wie eine Art Patience gespielt werden kann, ist die Meditation. Während einer besonders tiefen Meditation kann es sogar gelingen, den eigenen Körper zu verlassen. Meditation ist keinesfalls ein esoterischer Schnickschnack, sondern tatsächlich eine Möglichkeit, tief in uns zu gehen und mehr über unser Dasein zu erfahren; eine Chance, von der wir auch in unserem Kulturkreis viel öfter Gebrauch machen könnten. Wir müssen wieder lernen, nicht jeder Verlockung des Alltags nachzugeben, sondern uns bewusst und ganz konsequent einem materialistischen Denken zu widersetzen. Nur dann wird es uns auch gelingen, die Fesseln der Materie – nämlich Raum und Zeit – spürbar zu lockern und das Wahre im Leben zu erkennen: Liebe und Wissen.

Dass dem Spielen eine sehr wichtige Funktion in unserem Leben zukommt, ist kein grundlegend neuer Gedanke. Bereits bei Friedrich von Schiller steht geschrieben: »Es ist das Spiel und nur das Spiel, das den Menschen vollständig macht.«[55] Der Nobelpreisträger Manfred Eigen und Ruthild Winkler gehen in ihrem Buch *Das Spiel* sogar noch einen Schritt weiter und übertragen die wesentlichen Elemente eines Spiels auf die Evolution:[56] Würfel und Spielregel symbolisieren Zufall und Naturgesetz. Der Mensch erfand zwar nicht das Spiel, aber unser Leben ist Teil der Evolution und gehört somit zum Spiel der Schöpfung.

Abbildung 30 verdeutlicht, wie wir die Schöpfung als ein Spiel mit verschiedenen Zufallskomponenten und Spielregeln betrachten können. Die *Zufallskomponenten* sind durch die Evolution und die Unbestimmtheitsrelation gegeben. Die Evolution ist das Zufällige im Makrokosmos: Wer auf wen im Laufe eines Lebens trifft, sich mit ihm paart und damit zur Erhaltung seiner Art beiträgt, ist mehr oder weniger dem Zufall überlassen. Erst der Zufall macht den Reiz eines

Spiels aus; ohne ihn wäre es sehr langweilig. Hingegen ist die Unbestimmtheitsrelation das Zufällige im Mikrokosmos: Es obliegt dem Zufall, welche Quanten miteinander kollidieren, erzeugt oder vernichtet werden. Elementare Spielzüge finden auf Quantenebene statt. Es gibt aber auch *Spielregeln*. Sie entsprechen den Naturgesetzen und den Regeln für ein soziales Verhalten. Das Spiel der Schöpfung ist also sowohl dem Zufall als auch Regeln unterworfen, demnach weder völlig determiniert noch rein zufällig. Es dreht sich allein um die beiden *zentralen Elemente Liebe und Wissen*. Die Liebe lässt sich umschreiben mit Begriffen wie Licht, Wärme, Geborgenheit, Nähe, Gnade oder Harmonie, dem Hauptanliegen vieler Religionen. Das Wissen bezieht sich auf das Lernen und das Ergründen von Natur und Geist, dem Inhalt der Natur-, Struktur- und Geisteswissenschaften. Die ästhetischen Komponenten dieses Spiels – die Kunst und die Musik – beinhalten sowohl Elemente der Liebe als auch des Wissens und versüßen die Schöpfung wie ein köstliches Dessert.

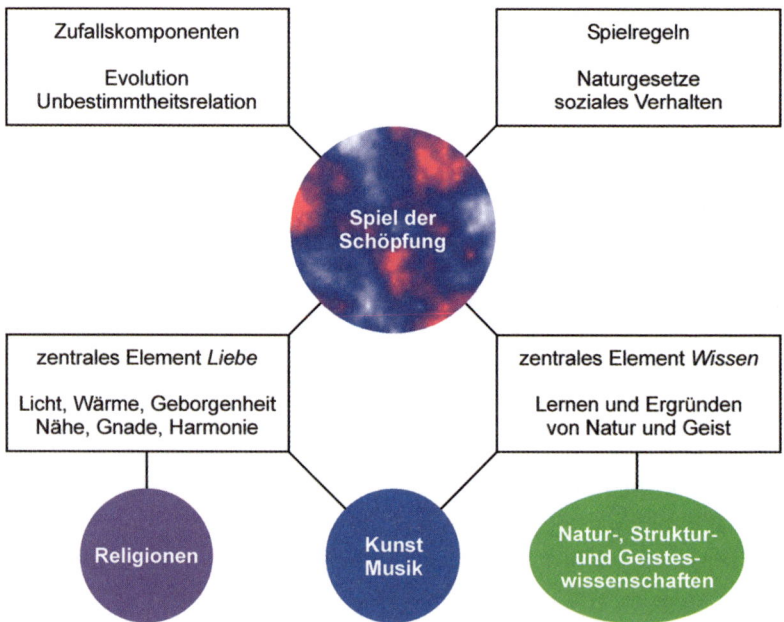

Abb. 30: Zufallskomponenten, Spielregeln und zentrale Elemente

Die Schöpfung – ein weises Spiel Gottes? Mit uns – den agierenden Spielfiguren? Selbst mit diesem sehr interessanten Gedanken will ich es noch nicht bewenden lassen. Stattdessen möchte ich nochmals auf die Nahtoderfahrung von Mellen-Thomas zurückkommen. Er ist uns bereits früher begegnet, als er mit wirklich ergreifenden Worten seinen Übergang ins Jenseits geschildert hatte. Ich habe dir jedoch noch nicht erzählt, wie es weiterging, nachdem er dem Licht begegnet ist.

Dieses Versäumnis möchte ich jetzt nachholen, denn Mellen-Thomas fasst in dem folgenden Zitat alle unsere bisherigen Gedanken sehr schön zusammen: das Licht, die hohe Geschwindigkeit, die Erweiterung des Bewusstseins, das Gefühl der Omnipräsenz und der Ewigkeit. Aber lausche doch bitte selbst, was Mellen-Thomas zu berichten hat: »Und ich wurde in das Licht gebracht, und zu meiner Überraschung durch es hindurch, bumm! Wie durch eine Art Schallmauer, durch die ich hindurchging … Plötzlich sah ich, wie die Welt davonflog. Ich konnte sehen, wie das Sonnensystem davonflog. Dann sah ich Galaxien – und es ging immer weiter. Schließlich bekam ich das Gefühl, dass ich durch alles hindurch ging, was je gewesen war. Ich sah alles – es war einfach ein überwältigender Anblick … Als würde ich mich mit rasender Geschwindigkeit bewegen, aber ich glaube, in Wirklichkeit war es mein Bewusstsein, das sich ungeheuer schnell erweiterte. Es geschah alles so schnell, aber es war auch so detailliert, dass ein weiteres Licht genau auf mich zukam. Als ich dieses Licht traf, war es [er macht eine Pause], als würde ich mich auflösen oder so. In diesem Augenblick verstand ich, dass ich zum Urknall kam. Das war das erste Licht überhaupt, und ich flog durch den Urknall. Das war es, was passierte … Plötzlich war ich in dieser Leere, und ich war mir aller Dinge bewusst, die jemals erschaffen worden waren. Es war, wie wenn ich aus Gottes Augen schaute.«[57]

Und dann trifft Mellen-Thomas meines Erachtens den Nagel mitten auf den Kopf: »Das Interessante war, bei meiner Rückkehr wusste ich … Gott ist hier [Mellen-Thomas lacht]. Darum geht es. Deshalb diese stetige Suche der Menschen nach Gott … Gott gab uns alles, alles ist hier – es geht um das Hier. Was uns heutzutage so beschäftigt, ist Gottes Erforschung durch uns. Die Menschen sind so sehr mit dem Versuch beschäftigt, Gott zu werden, dass sie eigentlich erkennen müssten, dass wir bereits Gott sind und Gott zu uns wird. Darum geht es wirklich.«[58]
Darf ich dir – kurz bevor wir gleich dieses wichtige Kapitel beenden –

ein großes Geheimnis verraten? Ich bin felsenfest davon überzeugt, dass jener Mellen-Thomas während seiner Nahtoderfahrung die Schöpfung tatsächlich verstanden hat. Genau darum geht es in diesem einzigartigen Spiel Gottes:

• Gott wartet nicht im Jenseits auf uns, er ist bereits hier. Diesseits und Jenseits stehen sich nicht gegenüber, sondern bilden eine Ganzheit.

• Das Licht ist der Schlüssel, um vom Diesseits ins Jenseits zu gelangen und umgekehrt. Materielles bleibt auf das Diesseits beschränkt.

• Wir alle sind nur verschiedene Aspekte ein und desselben Wesens: Gott. Doch nicht wir werden zu Gott, sondern er wird zu uns; ein kleiner, aber gewaltiger Unterschied, der die unermessliche Liebe Gottes noch unterstreicht!

Erinnerst du dich noch, wem ich im letzten Kapitel eine Seele zugesprochen habe? »Alles, was fühlen und lernen kann, verfügt über ein Bewusstsein, also über eine Seele.« Fühlen – nämlich die Liebe! Lernen – nämlich das Wissen! Schon wieder kribbelt es in mir, und ich bekomme eine Gänsehaut. Denn auch in Bezug auf die Seele passen alle Puzzleteile so wunderbar zusammen, dass dieses Weltbild nicht ernsthaft mit seinen drei Säulen – Theologie, Sterbeforschung und Physik – in Konflikt gerät. Eben das zeichnet ein *in sich konsistentes* Weltbild aus.

DAS WICHTIGSTE aus diesem Buch zum Mitnehmen:
Die Schöpfung ist ein weises Spiel Gottes. In dem Spiel gibt es Raum, damit wir die Bedeutung von Liebe erfahren können, und Zeit, damit wir Wissen erwerben können. Erst die Relativität von Raum und Zeit ermöglicht es uns, das Absolute – Liebe und Wissen – zu erkennen. In allen Weltreligionen ist ein kleines Fünkchen Wahrheit enthalten, der wir gerecht werden können, wenn wir liebend, nach Wissen strebend, ganzheitlich denkend, das Leben achtend und friedlich miteinander leben. Nicht wir werden zu Gott, sondern er wird zu uns. Nahtoderfahrungen können uns zu dieser Erkenntnis führen, indem sie zwischen Theologie und Naturwissenschaft vermitteln.

Experiment Nr. 4

Das vierte und letzte Experiment deiner eigenen Versuchsreihe ist das einfachste und schwerste zugleich. Besorge dir bitte eine Küchenrolle mit Aluminiumfolie und schneide ein circa 6 mal 6 Zentimeter großes, möglichst glattes Stück heraus. Diese Folie klebst du anschließend auf die gestrichelt umrandete Fläche. Das war es auch schon! Schaue in den Spiegel aus Aluminiumfolie und spiele es selbst, das Spiel der Spiele, dein eigenes Leben …

Hier bitte die
Aluminiumfolie
aufkleben

Spiegel sind etwas ganz Besonderes, denn sie reflektieren das Licht. Wenn wir über das Leben reflektieren wollen, dann kann uns ein Spiegel sehr nützlich sein. Wenn ich in einen Spiegel hineinschaue, dann kann ich mich selbst betrachten. Sich selbst im Spiegel erkennen kann mir sehr dabei helfen, meines eigenen Ichs bewusst zu werden. In einem Spiegel begegne ich allerdings nicht nur mir selbst, sondern ich finde mich eingebettet in meiner Umgebung, also zusammen mit allen Personen und Objekten in meiner Nähe. Ohne Spiegel nehme ich diese Umgebung ähnlich war, aber nur mit Spiegel erkenne ich, dass ich selbst ein Teil davon bin – ein Teil eines Ganzen. Mit Spiegeln können wir ganzheitliches Denken trainieren!

Das Anliegen der modernen Naturwissenschaft, die Welt zu erforschen und zu verstehen, ist gerechtfertigt, weil es Wissen schafft. Manchmal habe ich jedoch Zweifel an ihren Methoden. Beispielsweise postuliert die *Superstringtheorie,* dass unsere Welt neben den bekannten vier Dimensionen von Raum und Zeit noch weitere versteckte Dimensionen aufweist. Das Wort Dimension stammt ab vom lateinischen Begriff *dimensio* (auf Deutsch: Ausmessung, Einteilung). Das Lineal teilt Raum in Meter und Zentimeter ein, die Uhr teilt Zeit in Stunden und Minuten ein. Jede solche Einteilung – folglich auch jede Dimension – trennt. Raum trennt dich von mir. Zeit trennt unsere Verstorbenen von uns Lebenden. Ich verfolge mit diesem Buch ein wesentlich höheres Ziel: Nicht trennen, sondern verbinden. Nicht zusätzliche Dimensionen postulieren, sondern die bestehenden überwinden. Nicht immer nur analytisch denken, sondern versuchen, Dinge im Zusammenhang zu sehen. Je tiefer sich die Wissenschaften spezialisieren und je genauer wir dabei die Welt mit Hochtechnologie analysieren, umso mehr laufen wir Gefahr, uns im Spiegel nicht mehr wahrzunehmen und den Überblick zu verlieren. Ganzheitliches Denken gedeiht nicht bei der Analyse, sondern bei der Synthese. Bereits viermal tauchte der Begriff der Ganzheit in diesem Buch auf:

- Raum und Zeit bilden eine Ganzheit (im Kapitel *Unsere materielle Welt*),
- Masse und Energie bilden eine Ganzheit (im Kapitel *Unsere materielle Welt*),
- ein verschränktes Objekt bildet eine Ganzheit (im Kapitel *Die Seele*),
- Diesseits und Jenseits bilden eine Ganzheit (im Kapitel *Die Schöpfung*).

Etwas, was wir ohne jegliche Einschränkungen als eine fünfte Ganzheit betrachten dürfen, ist das Licht. Wieso denn das? Weil es – wie wir bereits diskutiert haben – gar keine trennenden Dimensionen kennt, weder Raum noch Zeit. Ähnliches gilt übrigens auch für die Seele, wenn sie auf Lichtgeschwindigkeit beschleunigt wird. Sie geht dann in einer Ganzheit auf, wie uns Beverly sehr teilnahmsvoll berichtet: »Alles Wissen entfaltete sich vor mir wie das gleichzeitige, plötzliche Aufblühen einer unendlichen Zahl von Blumen. Ich war erfüllt vom Wissen Gottes, und in diesem kostbaren Aspekt seiner Wesenheit war ich eins mit ihm ... Raum und Zeit sind [nur] Illusionen, die uns auf unserer Ebene festhalten; dort draußen ist alles simultan gegenwärtig. Ich war Passagier eines göttlichen Raumfahrzeugs, mit dem der Schöpfer mir die Fülle und Schönheit seiner ganzen Schöpfung zeigte ... Hier erfuhr ich in unbeschreiblicher Herrlichkeit die Gemeinschaft mit dem Lichtwesen. Nun war ich nicht nur von allem Wissen erfüllt, sondern auch mit aller Liebe. Es war, als würde sich das Licht in mich und durch mich ergießen ... Eine solche Vereinigung kann nicht mehr gelöst werden. Sie war immer, ist immer und wird immer sein ... Denen, die in Trauer und Angst leben, kann ich versichern: Es gibt keinen Tod, und die Liebe endet niemals. Und denkt auch daran, dass wir Aspekte des einen vollkommenen GANZEN sind, und als solche Gott und einander angehören. Eines Tages werden Sie, der Leser dieser Zeilen, und ich im Licht und in Liebe ... zusammensein.«[59]

Licht ist Energie. Ganz bewusst bin ich in diesem Buch nicht auf den Begriff der Energie eingegangen; denn Energie gibt Macht und spendet Kraft, die sich auch leicht missbrauchen lassen. Leider sprießen in unserer Gesellschaft immer wieder dubiose Ersatzreligionen und Sekten hervor, die mit fragwürdigen Methoden und nicht transparenten Strukturen nach neuen Anhängern suchen. Oft steht bei ihnen eine Art spiritueller Energie im Mittelpunkt,

• die vernichtet, wenn sie kein kritisches Hinterfragen duldet,
• die verdunkelt, wenn sie kein eigenes Streben nach Wissen zulässt,
• die unterwirft, wenn sie keine Gleichstellung mit ihren Predigern toleriert,
• die trennt, wenn keine Liebe in ihr steckt.

Es gibt aber auch positive Energie,

• die nicht vernichtet, sondern erschafft: Wissen,
• die nicht verdunkelt, sondern erhellt: Wissen,
• die nicht unterwirft, sondern erhebt: Liebe,
• die nicht trennt, sondern verbindet: Liebe.

Ehrlich gesagt, kann ich mir keine schönere Energie vorstellen, die für die Beschleunigung unserer Seele auf Lichtgeschwindigkeit verantwortlich ist. Diese Energie gibt auch Macht und spendet Kraft. Aber ihre Macht heißt Wissen, und ihre Kraft heißt Liebe. Mit Wissen und mit Liebe wird Gott eins mit uns. Zusammen werden wir eine Ganzheit, *ein starkes Team!* Und genau das ist es, was wir aus den vielen Sterbeerfahrungen lernen können.

+ + +

An dieser Stelle möchte ich drei Kreuze machen und mich von dir verabschieden. Das Buch ist zwar noch nicht zu Ende, denn es müssen noch wichtige Fragen zum Verhältnis zwischen Naturwissenschaft und Religion sowie zur Bedeutung von Nahtoderfahrungen diskutiert werden. Aber es ziemt sich nicht, dass ich mich als Hauptfigur unter die Spieljury mogele und in ihr Urteil eingreife. Schiedsrichter sind unparteiisch und sollen es auch bleiben. Zur Jury dieses Buches, die nun alle meine Gedanken zu bewerten hat, bestelle ich hiermit die Naturwissenschaften, die Religionen, die Nahtoderfahrungen und ganz besonders dich!

Jeder Abschied fällt schwer, aber ich bin mir sicher, dass er nicht endgültig ist, sondern dass wir uns eines Tages wieder begegnen werden. Ganz besonders freue ich mich, dass ich dich bereits ein kleines Stück auf deinem Lebensweg begleiten durfte. Und ich wünsche mir so sehr, dass riesige, gelb leuchtende Sonnenblumen – eines der schönsten Symbole für Licht und Leben – deinen weiteren Wegesrand schmücken und dir ein wohlig warmes Licht geben werden, sowohl hier bei uns im Diesseits als auch in einem Leben danach.

**Sollst Wissen erwerben im Leben
und Liebe an alle vergeben.
Dein Leben spielt mit, ihn zu loben,
die Liebe, das Licht ganz hoch oben.**

Herzlichst
deine Lucy im Licht,
die nun das Wort zurückgibt an den Autor dieses Buches.

Die Spieljury

Rien ne va plus

Naturwissenschaft und Religion

Naturwissenschaftlich und religiös geprägte Weltanschauungen stehen zueinander in einem ganz eigenartigen Spannungsverhältnis, das sich nur sehr langsam wird auflösen lassen. Der Grund hierfür liegt in der unterschiedlichen Vorgehensweise: Naturwissenschaft betreibt Objektivierung und Kausalanalyse bis ins Extreme, während die Religion Subjektivität und Sinn bis auf ihren allerletzten Grund hin befragt. Dennoch ist gerade der gegenwärtige Dialog zwischen Theologen und Physikern äußerst lebhaft und fruchtbar.

Interessanterweise sind oder waren viele berühmte Naturwissenschaftler religiös, jedoch wenden sich die meisten zugleich von einer personalen Gottesvorstellung ab. Wie Albert Einstein glauben sie eher an einen kosmischen Gott oder an eine abstrakte, allumfassende Vernunft. Weshalb ist das so? Welches Gedankengut steckt dahinter? Diesen Fragen wollen wir hier explizit nachgehen.

Wir leben nicht mehr in den Zeiten Galileo Galileis. Es gibt keine Scheiterhaufen mehr, auf denen sich die ketzerischen Thesen widerspenstiger Naturphilosophen in Rauch auflösen. Seit Galileis Nachweis aus dem 17. Jahrhundert, dass sich die Erde um die Sonne dreht, sind Naturwissenschaftler und Theologen unter uns gleichermaßen aufgefordert, die Stellung des Menschen im Kosmos sowie sein Verhältnis zu Gott kritisch zu hinterfragen.

Ebenso sind die Zeiten Charles Darwins längst vorbei. Seine Evolutionslehre aus der Mitte des 19. Jahrhunderts hat sich entgegen so manchem frommen Wunsch erfolgreich durchgesetzt und bildet heute die wichtige biologische Grundsäule der modernen Naturwissenschaft. Die physikalische Entsprechung folgte erst im 20. Jahrhundert mit dem Doppelgespann aus Relativitätstheorie und Quantenphysik.

Galilei und Darwin stehen für zwei sehr einschneidende Zäsuren im christlichen Weltbild; sie hinterließen zwei Wunden, die inzwischen bereits viele konstruktive Kräfte freigesetzt haben und nun auch allmählich verheilen. Die Kluft zwischen Naturwissenschaft und Religion ist deutlich kleiner geworden, ein Brückenschlag demnach in greifbare Nähe gerückt. Diese Chance ergab sich in erster Linie durch einen Umbruch im physikalischen Weltbild. Albert Einsteins Relativitätstheorien führten zum totalen Verlust aller absoluten Bezugssysteme. Die moderne Physik betrachtet Raum und Zeit heute nicht mehr als voneinander unabhängige Größen, sondern setzt sie in eine konkrete Beziehung zueinander und berücksichtigt auch noch ihre Wechselwirkung mit Masse und Energie. Das gesamte Naturgeschehen galt jedoch am Anfang des 20. Jahrhunderts noch als »im Prinzip berechenbar«.

Im April 1929 erhielt Albert Einstein ein Telegramm des New Yorker Rabbiners Herbert Goldstein. Der Rabbi befürchtete, die Relativitätstheorien stellen Gott und die Schöpfung in Frage, und sie beinhalten atheistisches Gedankengut. Goldstein kam direkt zur Sache: »Glauben Sie an Gott? Stop. Bezahlte Antwort: 50 Worte.« Einstein brauchte für seine Antwort lediglich 29 Worte und telegrafierte zurück: »Ich glaube an Spinozas Gott, der sich in der gesetzlichen Harmonie des Seienden offenbart, nicht an einen Gott, der sich mit den Schicksalen und den Handlungen der Menschen abgibt.«[60] Einstein glaubte nicht an den christlichen, personalen Gott, der Gebete anhört und Wunder vollbringt. Dennoch war Einstein religiös. Sein Gott war kosmisch und unpersönlich. Das Verhältnis von Naturwissenschaft und Religion charakterisierte er gerne so: »Naturwissenschaft ohne Religion ist lahm, Religion ohne Naturwissenschaft ist blind.«[61]

Aber erst die Quantenphysik sollte die klassische Physik Isaac Newtons endgültig überholen, dem zufolge die gesamte Natur mechanisch vorherbestimmt ablaufen müsse. Mit der Quantenphysik erhielt dieses »Uhrwerkuniversum« nun auch einen freiheitlichen Aspekt, der vielen Physikern anfangs noch ein Dorn im Auge war. Aus heutiger Sicht handelte es sich hierbei jedoch um den entscheidenden »Kick«, welcher den Anfang vom Ende des Glaubens an eine unbegrenzt erklärungsfähige Naturwissenschaft einläutete.

Der Umbruch begann mit der Entdeckung von Max Planck, dass Strahlung stets nur in ganz bestimmten unteilbaren Portionen, den *Energiequanten,* abgegeben wird. Der bis dahin gültige Leitsatz »Die Natur macht keine Sprünge« erwies sich als nicht mehr richtig. Dem ebenfalls religiösen Planck war seine Errungenschaft Freud und Leid zugleich; denn er war auf eine Naturkonstante gestoßen, die er zwar dem Wirken Gottes zuschrieb, mit der er aber die klassische Physik Newtons tief erschütterte. So, wie die Philosophie Spinozas den Glauben Einsteins geprägt hatte, war Planck dem Denken Kants sehr stark verbunden. Immanuel Kant hatte gelehrt, dass die Wirklichkeit sich dem Menschen nicht so zeige, wie sie an sich ist, sondern nur so, wie sie ihm aufgrund seines Erkenntnisvermögens erscheint. Deshalb sei auch Gott als absolutes Sein wissenschaftlich weder beweisbar noch widerlegbar. Wie bei Kant konzentrierte sich Plancks Gottesbild auf das sittliche Handeln. Er war fest überzeugt vom Walten einer göttlichen Vernunft, die sich in den Naturgesetzen widerspiegelt, die wir allerdings aufgrund unseres begrenzten Erkenntnisvermögens nicht ergründen können.

Seine Forschung bedeutete für Max Planck die Annäherung an Gott, nicht dessen Bedrohung. Naturwissenschaft und Religion befinden sich nicht wirklich im Zwist miteinander, sondern ergänzen sich, weil Naturgesetze und Naturkonstanten auf eine vom Menschen unabhängige Vernunft hinweisen. Sein folgendes Zitat gilt als wichtiger Meilenstein für die Überwindung eines langen Kampfes zwischen beiden Disziplinen: »Nichts hindert uns also …, die beiden überall wirksamen und doch geheimnisvollen Mächte, die Weltordnung der Naturwissenschaft und den Gott der Religion, miteinander zu identifizieren.«[62]

Spinoza und Kant hinterließen ihre Spuren bei Einstein und Planck. Hingegen stand Werner Heisenberg dem altgriechischen Philosophen Platon besonders nahe. Nach Platon liegt unserer Welt eine tiefe symmetrische Ordnung und Harmonie zugrunde, die wir Menschen aber nur unscharf und verzerrt wahrnehmen können (vergleiche hierzu auch das Höhlengleichnis im Kapitel *Die Seele*). Heisenberg brachte Platons Gedanken auf einen Punkt mit dem fast schon religiösen Ausspruch: »Am Anfang war die Symmetrie.«[63] Symmetrie, Harmonie und Ästhetik stellen eine zentrale Ordnung her – eine Art Kompass, an dem sich alle Menschen ausrichten. Ob nun als *Sinn des Lebens, Wille Gottes* oder schlicht *Glück* bezeichnet, immer handelt es sich dabei um unsere Beziehungen zur zentralen Ordnung dieser Welt, die Heisenberg mit göttlicher Vernunft gleichsetzte. Von Wolfgang Pauli gefragt, ob er an einen persönlichen Gott glaube, antwortete Werner Heisenberg: »Darf ich die Frage auch anders formulieren? Dann würde sie lauten: Kannst du oder kann man mit der zentralen Ordnung der Dinge oder des Geschehens … so unmittelbar in Verbindung treten, wie dies bei der

Seele eines anderen Menschen möglich ist? … Wenn du so fragst, würde ich mit *Ja* antworten.«[64] Es ist kein Zufall, dass sich ausgerechnet Heisenberg zum platonischen Denken hingezogen fühlte; die von ihm entscheidend mitbegründete Quantenphysik bietet ein Weltbild an, das stark an die Ideenlehre Platons erinnert.

Die Gottesvorstellungen berühmter Physiker wie Einstein, Planck und Heisenberg verbindet ein roter Faden, der den Dialog mit der Theologie erst ermöglicht hat: Unserer materiellen Welt (vergleiche das gleichnamige Kapitel in diesem Buch) ist ein immaterieller Grund übergeordnet. Der durch uns beobachtbaren Natur liegt ein höheres, geistiges Prinzip zugrunde, das wir naturwissenschaftlich jedoch nicht fassen können. Ähnliches trifft übrigens auch auf den Seelenbegriff zu. Die Seele lässt sich – in voller Übereinstimmung mit Lucys Ausführungen – durchaus als ein Teil dessen betrachten, was Heisenberg mit der *zentralen Ordnung* oder mit der *göttlichen Vernunft* bezeichnet hatte.

Dem Wissenschaftstheoretiker Karl Popper kommt das sehr große Verdienst zu, erkannt zu haben, dass sich jede wissenschaftliche Theorie über die Wirklichkeit daran messen lassen muss, falsifizierbar zu sein.[65] In der Naturwissenschaft wird diese Jurorenrolle von der Möglichkeit einer Widerlegung im Experiment übernommen. Naturgesetze sind hiervon nicht ausgenommen. Auch sie leben und fallen mit jeder neuen Prüfung im Experiment. Diesbezüglich muss bei Axiomen unterschieden werden, ob sie die empirische Wirklichkeit betreffen oder nicht. In der Zahlentheorie müssen Axiome nicht falsifizierbar sein, bilden aber dennoch ein solides Fundament. Auch Lucy möchte ihr Axiom über eine Beschleunigung der Seele auf Lichtgeschwindigkeit so verstanden wissen; nämlich als ein Axiom, für das viele Hinweise sprechen, das somit ein solides Fundament bildet, das sich aber – jedenfalls nach heutigem Wissensstand – nicht falsifizieren lässt, weil sich die Seele der empirischen Betrachtung entzieht.

Die meisten religiösen Naturwissenschaftler sehen bis heute keinen wirklichen Konflikt zwischen ihrem methodischen Atheismus, den ihnen die Wissenschaft abverlangt, und ihrem persönlichen Glauben. Das bekannteste Beispiel hierfür ist wohl der brillante Physiker Stephen Hawking, der bemüht ist, das Auffinden einer universellen Weltformel mit der Suche nach dem Plan Gottes zu verbinden.[66] Seine Vorgehensweise ist aber meines Erachtens immer noch sehr analytisch und weniger ganzheitlich. In den Strukturen von Schmetterlingen, Blütenknospen oder Schneeflocken lassen sich religiöse Gefühle ebenso entzünden wie bei Hawkings Gedanken zum Universum und zu den schwarzen Löchern. Auf die Spitze treibt es sicher Anton Zeilinger, der im Grunde alles auf die Information reduziert.[67] Sie ist die Basiseinheit vom Wissen. Was bei solch einem nüchternen Weltbild aber viel zu kurz kommt, ist der Gegenpol: die Liebe – ein Wert, der in unserer Gesellschaft gegenüber dem Wissen immer mehr an Bedeutung verloren hat.

Wesentlich schwieriger gestaltet sich der Konflikt auf der akademischen Ebene; dort, wo sich Naturwissenschaft und Religion letztendlich über ihr gegenseitiges Verhältnis verständigen müssen. Ich selbst kenne eine Reihe von Physikern, die felsenfest davon überzeugt sind, die gesamte Welt mit den Naturwissenschaften allein erklären zu können. Derartige Ansichten sind natürlich zu respektieren, wenngleich hierbei leicht übersehen wird, dass sich in diesem Zusammenhang der Begriff »gesamte Welt« einzig und allein auf naturwissenschaftlich zugängliche Größen beschränken kann. Auch unter Theologen gibt es entsprechende Vertreter, die keinen gemeinsamen Nenner von Naturwissenschaft und Religion erkennen können oder wollen, wie beispielsweise Karl Barth. Er vertrat die Meinung, dass es »hinsichtlich dessen, was die Heilige Schrift und die christliche Kirche unter Gottes Schöpfungswerk verstehen, schlechterdings keine naturwissenschaftlichen Fragen, Einwände oder auch Hilfestellungen geben kann«.[68]

Umso schöner ist es zu erfahren, dass führende Geistliche sich zunehmend auch ein naturwissenschaftliches Vokabular zugelegt haben. Kein Geringerer als Papst Benedikt XVI. hat während seines Deutschlandbesuchs am 10. September 2006 in München gesagt : »Wir können ihn [Gott] einfach nicht mehr hören. Zu viele andere *Frequenzen* haben wir im Ohr.«[69] Recht hat er in einer Gesellschaft, die sich fast nur noch an materiellen Werten orientiert und die unsere Hörfrequenzen auf Handys und MP3-Player programmiert statt auf das persönliche, unmittelbare Gespräch zwischen zwei Menschen.

In erster Linie wünsche ich mir eine noch offenere, tolerantere Naturwissenschaft und eine gesprächsbereite Theologie, die sich nicht dem Dialog verschließen oder ihm fast gleichgültig gegenüberstehen, sondern sogar bereit sind, ihn zu fördern. Der gegenwärtige Trend geht bereits eindeutig hin zum Dialog; wohl nicht zuletzt deswegen, weil die Spaltung unserer Realität in Weltliches und Göttliches – also in Naturwissenschaft und Religion – auf Dauer äußerst unbefriedigend ist. Gerade die Überwindung des rein materialistischen Denkens gibt diesem Dialog die so wichtige, gemeinsame Grundlage und hält ihn flexibel und lebendig. Ein Beispiel hierfür ist Lucys Erkenntnis, dass wir ein irdisches Leben in Raum und Zeit verbringen müssen, um überhaupt erst in der Lage zu sein, die Bedeutung von Liebe zu erfahren und Wissen zu erwerben. Lucy gibt uns mehrere Hinweise auf die Existenz eines Jenseits. Würden naturwissenschaftliche Denkmodelle ein Jenseits generell ausschließen (was sie nicht tun!), so könnte es gar keinen Dialog zwischen Naturwissenschaft und Religion geben. Weil aber selbst im Einklang mit der Physik ein übergeordnetes geistiges Prinzip sehr wahrscheinlich ist, sind solche Hinweise offenzulegen und zu diskutieren.

Wo es einen ernsthaften Dialog gibt, erkennt man ihn weder am gegenseitigen Schlagabtausch noch am Ausschluss von einzelnen Vorreitern – möge mir als unbequemem Naturwissenschaftler das Schicksal so mancher exkommunizierter Kollegen erspart bleiben –, sondern an der Offenheit und Toleranz, mit der diese Gespräche geführt werden; sei es im Wissenschaftsteil einer Zeitung oder in der sonntäglichen Kirchenpredigt. Dort lassen sich die essentiellen Brücken bauen, die verbinden, wie beim englischen Kultkartenspiel *Bridge*.

Wichtiges zum Mitnehmen:
Seit Galilei und Darwin ist die tiefe Kluft zwischen Naturwissenschaft und Religion wieder deutlich kleiner geworden. Wegbereiter hierfür waren in erster Linie die beiden Relativitätstheorien und die Quantenphysik. Heute glauben viele berühmte Naturwissenschaftler, dass unserer materiellen Welt ein höheres, geistiges Prinzip übergeordnet ist, das wir naturwissenschaftlich jedoch nicht fassen können. Erfreulicherweise geht der gegenwärtige Trend bereits eindeutig hin zum Dialog.

Nahtoderfahrungen

Was ist eine Nahtoderfahrung?

Unter einer Nahtoderfahrung (auf Englisch: *near-death experience*) verstehen wir ein Phänomen, das auftreten kann, wenn jemand für begrenzte Zeit dem Tod sehr nahe kommt oder sogar in den Zustand des klinischen Todes gerät, danach aber wieder den Weg zurück in sein Leben findet. Dabei erleben die Betroffenen, wie ihr Bewusstsein den eigenen Körper verlässt und in eine neuartige, transzendente Wirklichkeit überwechselt. Diese Situation entspricht 1:1 der Bedrohung eines Königs beim *Schach,* stellt aber nicht das endgültige Aus eines *Schachmatt* dar.

Ergänzend zu dieser Definition folgt ein Zitat aus dem Bestseller *Leben nach dem Tod* von Raymond Moody, der das Phänomen der Nahtoderfahrungen zum ersten Mal wissenschaftlich beschrieben hat: »Ein Mensch liegt im Sterben. Während seine körperliche Bedrängnis sich ihrem Höhepunkt nähert, hört er, wie der Arzt ihn für tot erklärt. Mit einem Mal nimmt er ein unangenehmes Geräusch wahr, ein durchdringendes Läuten oder Brummen, und zugleich hat er das Gefühl, dass er sich sehr rasch durch einen langen, dunklen Tunnel bewegt. Danach befindet er sich plötzlich außerhalb seines Körpers, jedoch in derselben Umgebung wie zuvor. Als ob er ein Beobachter wäre, blickt er nun aus einiger Entfernung auf seinen eigenen Körper. In seinen Gefühlen zutiefst aufgewühlt, wohnt er von diesem seltsamen Beobachtungsposten aus den Wiederbelebungsversuchen bei. Nach einiger Zeit fängt er sich und beginnt, sich an seinen merkwürdigen Zustand zu gewöhnen. Wie er entdeckt, besitzt er noch immer einen Körper, der sich jedoch sowohl seiner Beschaffenheit als auch seinen Fähigkeiten nach wesentlich von dem physischen Körper, den er zurückgelassen hat, unterscheidet.«[70]

Raymond Moody fährt fort: »Bald kommt es zu neuen Ereignissen. Andere Wesen nähern sich dem Sterbenden, um ihn zu begrüßen und ihm zu helfen. Er erblickt die Geistwesen bereits verstorbener Verwandter und Freunde, und ein Liebe und Wärme ausstrahlendes Wesen, wie er es noch nie gesehen hat, ein Lichtwesen, erscheint vor ihm. Dieses Wesen richtet – ohne Worte zu gebrauchen – eine Frage an ihn, die ihn dazu bewegen soll, sein Leben als Ganzes zu bewerten. Es hilft ihm dabei, indem es das Panorama der wichtigsten Stationen seines Lebens in einer blitzschnellen Rückschau an ihm vorüberziehen lässt. Einmal scheint es dem Sterbenden, als ob er sich einer Art Schranke oder Grenze nähere, die offenbar die Scheidelinie zwischen dem irdischen und dem folgenden Leben darstellt. Doch wird ihm klar, dass er zur Erde zurückkehren muss, da der Zeitpunkt seines Todes noch nicht gekommen ist. Er sträubt sich dagegen, denn seine Erfahrungen mit dem jenseitigen Leben haben ihn so sehr gefangen genommen, dass er nun nicht mehr umkehren möchte. Er ist von überwältigenden Gefühlen der Freude, der Liebe und des Friedens erfüllt. Trotz seines inneren Widerstandes … vereinigt er sich dennoch wieder mit seinem physischen Körper und lebt weiter. Bei seinen späteren Versuchen, anderen Menschen von seinem Erlebnis zu berichten, trifft er auf große Schwierigkeiten. Zunächst einmal vermag er keine menschlichen Worte zu finden, mit denen sich Geschehnisse dieser Art angemessen ausdrücken ließen. Da er zudem entdeckt, dass man ihm mit Spott begegnet, gibt er es ganz auf, anderen davon zu erzählen. Dennoch hinterlässt das Erlebnis tiefe Spuren in seinem Leben; es beeinflusst namentlich die Art, wie der jeweilige Mensch dem Tod gegenübersteht und dessen Beziehung zum Leben auffasst.«[71]

Wann ereignet sich eine Nahtoderfahrung?

Typische Auslöser für eine Nahtoderfahrung sind schwere Unfälle, schwierige Operationen, bei denen es Komplikationen gibt, oder das Liegen im Koma. Die meisten Nahtoderfahrungen ereignen sich während Wiederbelebungsmaßnahmen an einem Unfallort oder im Operationssaal. Eine Nahtoderfahrung kann aber auch während eines tiefen Traumas oder während einer Meditation erlebt werden, ohne dass die Person dabei körperlich verletzt ist.

Was ereignet sich bei einer Nahtoderfahrung?

Menschen, die eine Nahtoderfahrung erleben, haben das Gefühl, ihren eigenen Körper zu verlassen, nach oben zu schweben und das weitere Geschehen aus einer gewissen Höhe zu beobachten. Sie können sich häufig daran erinnern, was sich während der Nahtoderfahrung um sie herum ereignet hat, beispielsweise auch was über sie gesagt und mit ihrem Körper getan worden ist. Sie empfinden spontan ein großes Wohlbefinden, haben gar keine Schmerzen und verlieren das Interesse an ihrem irdischen Körper. In dieser Phase werden die Sterbenden sehr oft in einen dunklen Tunnel gezogen und steuern mit riesiger Geschwindigkeit auf ein hell leuchtendes und Liebe ausstrahlendes Licht zu, das sich am Ende des Tunnels befindet. In diesem hellen Licht erscheint eine Art Lichtwesen, das die absolute Liebe und vollkommenes Wissen verkörpert. Das Lichtwesen und der Sterbende kommunizieren hierbei geistig miteinander in einer totalen Klarheit, welche in dem Betroffenen ein angenehmes Gefühl von Glückseligkeit und tiefem Frieden entstehen lässt.

In diesem Stadium kommt es bei Erwachsenen häufig zu einer Lebensrückschau. Wie im Zeitraffer wird das ganze Leben nochmals nachempfunden. In Gegenwart des Lichtwesens werden alle Szenen wieder aus der eigenen Perspektive erlebt, aber ebenso auch aus dem Blickwinkel der Menschen, die bei dem jeweiligen Ereignis beteiligt waren. Dieser Teil wird als sehr lehrreich eingestuft, weil durch ihn die Tragweite und die Auswirkungen aller Handlungen erst begriffen werden. Meistens kommt es dabei zu Begegnungen mit bereits verstorbenen Verwandten oder Freunden. Es wird von einer Art Grenze berichtet, deren Überschreitung die Rückkehr ins Leben unmöglich machen würde. Die Nahtoderfahrung endet mit dem Wiedereintritt in den irdischen Körper, der nicht selten gegen den eigenen Willen erfolgt. Die Rückkehr wird oft mit einer Art Aufgabe begründet, die auf der Erde noch erfüllt werden muss.

Wodurch wird eine Nahtoderfahrung beeinflusst?
In vielen Studien hat sich gezeigt, dass weder Nationalität, Religion, Bildung, sozialer Status, Alter noch Geschlecht das Auftreten und das Erlebnis von einer Nahtoderfahrung beeinflussen.[72] Allerdings ist die subjektive Auslegung der Nahtoderfahrung oft von religiösen Faktoren geprägt. Während beispielsweise Christen oft Christus in dem strahlenden Licht erkennen, offenbart sich dasselbe für Moslems als Allah. Die religiöse Einstellung ändert jedoch nichts an den *Kernerfahrungen* wie dem Tunnelerlebnis, der Begegnung mit einem Lichtwesen oder dem Erleben einer Lebensrückschau. Diesbezüglich spielt es keine Rolle, ob der Betroffene gläubig ist oder nicht.[73] Auch hinsichtlich der

Häufigkeit des Auftretens einer Nahtoderfahrung gibt es keinen Unterschied zwischen Gläubigen und Nichtgläubigen. Interessant ist, dass die geschilderten Erlebnisse oft sogar vollkommen unabhängig sind von den äußeren Umständen, die einen Menschen in Todesnähe bringen (Unfall, Krankheit, Herzinfarkt). Ja, viele Betroffene begreifen zunächst gar nicht, dass sie tot sind. Erst im Kontakt mit Verstorbenen oder mit dem Lichtwesen werden sie sich des eigenen Todes bewusst. Besonders hervorzuheben ist, dass selbst Kinder ganz klassische Nahtoderfahrungen erleben, auch wenn sie von ihnen – entsprechend ihrer Sprache – viel einfacher strukturiert geschildert werden.[45]

Welche Statistiken gibt es zu Nahtoderfahrungen?

Nach einer deutschen Studie aus dem Jahr 1999 haben ungefähr 4,3 Prozent der befragten Personen bereits eine Nahtoderfahrung gemacht, entsprechend einer Anzahl von immerhin circa 3,3 Millionen Deutschen.[74] Hochgerechnet auf die gesamte europäische Bevölkerung muss es demnach schon ungefähr 20 Millionen Nahtoderfahrene in der Europäischen Union geben.

Allein in den USA ereignen sich täglich knapp 800 neue Nahtoderfahrungen.[75] Hierbei wird die Gesamtzahl der US-Amerikaner, die in ihrem Leben bereits eine Nahtoderfahrung gemacht haben, auf circa 15 Millionen geschätzt. Dies entspricht in etwa 5 Prozent der amerikanischen Bevölkerung.

Der bekannte britische Herzspezialist Sam Parnia hat in einer wegweisenden wissenschaftlichen Studie 63 Herzinfarktpatienten untersucht und die Ergebnisse im Fachjournal *Resuscitation* publiziert.[76] Davon gaben 17 Prozent das Auftreten von diffusen Erinnerungen oder einer Nahtoderfahrung an. Sein niederländischer Kollege Pim van Lommel hat sogar eine Studie mit 344 Herzinfarktpatienten durchgeführt und in der renommierten Fachzeitschrift *The Lancet* veröffentlicht.[77] Hier zeigten sich bei etwa 18 Prozent aller Patienten die typischen Symptome einer Nahtoderfahrung.

Welche Folgen hat eine Nahtoderfahrung?

Das Auftreten einer Nahtoderfahrung bewirkt bei den meisten Menschen ein sehr intensives Hinterfragen ihrer bisherigen Werte und Lebensziele. Dieser Vorgang führt ganz oft zu einer einschneidenden

Lebenskrise und – über einen Zeitraum von mehreren Jahren betrachtet – zu einem neuen Weltbild der Betroffenen. Viele Nahtoderfahrene nehmen ihr eigenes Erlebnis zum Anlass, in Zukunft bewusster und sozialer zu leben.

Insbesondere das Verlassen des eigenen Körpers und die Begegnung mit bereits Verstorbenen werden als tiefgreifende Erlebnisse empfunden, die zunächst einen Schock für die jeweilige Person bedeuten. Wer eine sehr weit fortgeschrittene Nahtoderfahrung gemacht hat bis hin zum Kontakt mit dem Lichtwesen, begreift seine eigene Nahtoderfahrung als ein besonders intensives Erlebnis. Die dabei auftretenden Emotionen und die sprachliche Schwierigkeit, das Erlebte in Worte zu fassen, isolieren den Nahtoderfahrenen nicht selten von seinen Freunden oder Angehörigen; leider führt dies auch häufig zu seiner Ausgrenzung innerhalb der Gesellschaft. Ein solches Gefühl der Einsamkeit wird innerhalb einer Familie oder einer Gemeinschaft sogar noch verstärkt, weil es den Betroffenen wirklich schwerfällt, sich weiterhin mit deren Sorgen und Zielen im Leben zu identifizieren. Nach einem Stadium der Destabilisierung folgt dann oft die Rückkehr in den Alltag, die allerdings meistens sehr schmerzhaft verläuft, weil dieser nun plötzlich trüb und vollkommen sinnlos erscheint. Dennoch sind viele Betroffene persönlich davon überzeugt, dass ihre eigene Nahtoderfahrung für sie äußerst bedeutsam ist und ihr zukünftiges Leben ganz wesentlich bestimmen wird.

Durch eine Nahtoderfahrung werden auch die meisten Wertvorstellungen einer Person grundlegend in Frage gestellt. Zu den Veränderungen sozialer Natur gehören der absolute Vorrang der Liebe, ein starkes Mitgefühl gegenüber den Mitmenschen sowie eine größere Toleranz, Unterstützung und Hilfsbereitschaft. Zu den Veränderungen materieller Natur zählt ein geringeres oder gar fehlendes Interesse an käuflichen Gütern sowie an beruflichem Erfolg oder an sozialem Status. Außerdem gehen Nahtoderfahrungen sehr häufig einher mit einem stark gesteigerten Selbstwertgefühl und Wissensdurst. Wenn die Nahtoderfahrung einige Jahre zurückliegt, werden auch oft eine größere Lebensfreude, ein Gefühl für den eigenen Sinn des Lebens und eine Fähigkeit beobachtet, das eigene Leben intensiv zu erleben. Die Gewissheit, dass das Bewusstsein den körperlichen Tod überlebt, lässt die meisten Nahtoderfahrenen die Angst vor dem Tod verlieren.

Wie lassen sich Nahtoderfahrungen erklären?
Die Schulmedizin deutet Nahtoderfahrungen heute immer noch als das Resultat absterbender Hirnzellen, bedingt durch eine veränderte Blutzufuhr zum Gehirn während der Sterbephase. Geschilderte Erlebnisse seien meist Halluzinationen, die der Sauerstoffmangel im Gehirn einer sterbenden Person hervorrufe.

Neben dieser physiologischen Argumentationsweise gibt es inzwischen auch pharmakologische und neurologische Erklärungsversuche. So könne es unter starkem Drogeneinfluss oder nach dem Einnehmen von Medikamenten auch zu bestimmten Halluzinationen kommen. Oder aber unser Gehirn sei neurologisch gar nicht dazu in der Lage, die Vorgänge beim Sterben korrekt zu deuten.

Allerdings existieren in der aktuellen medizinischen Forschung durchaus auch viele gegenläufige Meinungen. Sie berufen sich auf mehrere Untersuchungen, die unter wissenschaftlich kontrollierten Bedingungen – teilweise sogar veröffentlicht in Top-Fachzeitschriften wie *Nature* – keinerlei Sauerstoffmangel bei zahlreichen Nahtoderfahrungen[78] oder bei außerkörperlichen Erfahrungen[79] ergeben haben. Auch ein Einfluss von Drogen oder Medikamenten konnte in vielen Fällen als Ursache für das Auftreten von einer Nahtoderfahrung definitiv ausgeschlossen werden, wenn nämlich die Vorgeschichte des Patienten bekannt war.

So richtig stutzig macht sicher die folgende Feststellung: Weder physiologische noch pharmakologische, noch neurologische Erklärungsversuche können die sehr vielen bezeugten Fälle deuten, in denen Personen während ihres klinischen Todes Dinge oder Ereignisse wahrgenommen haben, die zeitgleich in einem anderen Raum, einer anderen Stadt oder einem anderen Land stattfanden. Deshalb findet inzwischen eine alternative Position immer mehr Resonanz, die davon ausgeht, dass das Bewusstsein tatsächlich unabhängig vom Gehirn existieren kann und dass Nahtoderfahrungen etwas ganz Reales sind.

Wo finde ich weitere Informationen?
Neben der in diesem Buch zitierten Literatur gibt es inzwischen auch im Internet zwei sehr objektive Informationsportale zur Thematik der Nahtoderfahrungen. Sie werden zum einen von der Gesellschaft *International Association for Near-Death Studies (IANDS),* zum anderen

von der Stiftung *Near-Death Experience Research Foundation (NDERF)* betreut. Es handelt sich hierbei um die beiden folgenden Webseiten:

www.iands.org
www.nderf.org

Darüber hinaus wurde speziell für Interessenten aus dem deutschsprachigen Raum das unabhängige *Netzwerk Nahtoderfahrung e. V.* gegründet, welches ebenfalls eine eigene, sehr informative Webseite betreibt:

www.iands-germany.de

Wichtiges zum Mitnehmen:
Die Nahtoderfahrung ist ein Phänomen, das auftreten kann, wenn jemand für begrenzte Zeit dem Tod sehr nahe kommt oder sogar in den Zustand des klinischen Todes gerät. Die meisten Nahtoderfahrungen ereignen sich bei Wiederbelebungsmaßnahmen an einem Unfallort oder im Operationssaal. Weil weder physiologische noch pharmakologische, noch neurologische Erklärungsversuche bisher wissenschaftlich überzeugen konnten, sind die Nahtoderfahrungen höchstwahrscheinlich etwas ganz Reales.

Das Nachspiel

Wollen Sie erfahren, wie die Öffentlichkeit über Lucys Ausführungen denkt? Interessiert es Sie, wie Lucys Gedanken beurteilt werden? Das letzte Kapitel in diesem Buch – *Das Nachspiel* – gehört Ihnen, liebe Leserinnen und Leser! Sie sind auf Erden die letzte Instanz, die über Lucys Erkenntnis zu entscheiden hat.

Lange habe ich darüber nachgedacht, wie sinnvoll es sein mag, eine Auswahl von Leserzuschriften in dieses Buch aufzunehmen; in einem allgemeinen Sachbuch ist ein solches Vorgehen nicht gerade üblich. Allerdings lässt sich *Lucy im Licht* auch nicht in das klassische Schema eines Sachbuches einordnen. Lucy beschreibt hier einen ganz neuen Denkansatz, der keineswegs dem »Mainstream« in den Natur- und Geisteswissenschaften entspricht, der aber vielleicht langfristig zu einem Wandel unseres modernen Weltbildes führen wird. Solche Gedanken brauchen ihre Zeit und unterliegen einem natürlichen Reifungsprozess. Erst der wichtige Dialog mit Ihnen persönlich – liebe Leserin, lieber Leser – ermöglicht es unserer Lucy, diese neuartigen Gedanken zu formen, zu ordnen und zu bewerten. Dabei stellt die heutige Kommunikationsvielfalt natürlich eine große Hilfe dar, denn die meiste Korrespondenz erhält Lucy per E-Mail. Das Buch lebt also gewissermaßen von Ihren persönlichen Anregungen und Kommentaren, weshalb ich diese auch den anderen Leserinnen und Lesern nicht vorenthalten möchte. Andernfalls wäre Ihr Feedback ausschließlich auf Lucys Mailbox beschränkt – lesbar nur für Lucy und für mich –, würde aber niemals das Licht der großen, weiten Welt erblicken. Ganz im Gegensatz zu Buchbesprechungen in den Medien, die verfasst werden mit der Intention, sie der breiten Öffentlichkeit zugänglich zu machen.

Somit ist dieses Buch auch von seinem Wesen her ziemlich einzigartig: Alle, die zu unserem Thema etwas Sinnvolles beitragen können und wollen, dürfen gerne aktiv mit ihren Anregungen an der zukünftigen Entwicklung dieses erweiterten Weltbildes mitwirken. Deshalb jetzt nochmals ein ganz herzliches Dankeschön für alle bisher erhaltenen Zuschriften! Übrigens auch im Namen von Lucy, die sich weiterhin sehr über jeden Kontakt freut. Lucys E-Mail-Adresse befindet sich am Ende dieses Buches. Und genau hier schließt sich dann auch der Kreis zu jener Frage: Mit welcher Berechtigung dürfen die doch sehr pluralistischen Gedanken unserer Leserinnen und Leser in solch ein allgemeines Sachbuch aufgenommen werden? Ich denke, eine gründliche wissenschaftliche Vorgehensweise fordert es geradezu heraus. Denn auch ein objektiver Wissenschaftler zeichnet sich dadurch aus, dass er zunächst einmal alle möglichen Betrachtungsweisen ins Kalkül zieht, bis sich dann eine widerspruchsfreie Theorie herauskristallisiert. Auch er schließt also ausgehend von einer Vielzahl von Beobachtungen und Meinungen auf das, was die Wirklichkeit am treffendsten beschreibt. Dabei hat die Erfahrung in den Naturwissenschaften gezeigt, dass es sich hierbei letztendlich um einfache und wenige Grundannahmen handelt, die oft auch den Konsens einer pluralistischen Betrachtung abbilden.

Seit Erscheinen meines ersten Buches *Lucy mit c*[80] im Herbst 2005 haben Lucy und ich bereits mehr als 1000 Zuschriften per E-Mail zu den angebotenen Themen erhalten. Weit über 90 Prozent unserer Leserinnen und Leser äußern sich sehr positiv und bedanken sich für die vielen neuartigen Denkanregungen. Viele erzählen uns auch ganz persönliche Erlebnisse aus ihrer eigenen Vergangenheit. Dabei handelt es sich teilweise um Nahtoderfahrungen mit Lichtbegegnungen, teilweise auch nur um außerkörperliche Erfahrungen. Selbst wenn keine dieser Schilderungen ein schlüssiger Beweis sein kann für die Existenz eines Jenseits, so geht doch von der ungeheuer großen Anzahl dieser Berichte ein ganz besonderer Charme aus. Ein Charme, den ich mit einer einzigen, aber sehr starken Eigenschaft umschreiben möchte: *Glaubwürdigkeit.*

Ich persönlich kann einfach nicht glauben, dass all diese Nahtoderfahrungen frei erfunden oder eine Art Hirngespinst sein sollen. Dafür gibt es inzwischen zu viele veröffentlichte Berichte – teilweise sogar wissenschaftlich dokumentiert und in renommierten Fachzeitschriften publiziert –, die zudem in ihren wesentlichen Strukturen wirklich eindrucksvolle Übereinstimmungen aufweisen. Nun sind unter solchen Schilderungen sicher auch manche unseriöse Quellen, in denen die Berichterstatter nur versuchen, Aufmerksamkeit auf sich zu lenken oder sich damit ihren Lebensunterhalt zu verdienen. Aber was denn – außer einer tiefen individuellen Überzeugung – sollte die vielen

Leserinnen und Leser motivieren, der Lucy derartige Zuschriften zu schicken? Jedes dieser persönlichen Erlebnisse lässt die Überzeugungskraft in ihrer Summe weiter erstarken, so dass ich selbst nur zu dem einen folgenden Schluss kommen kann: *Lucys Axiom ist wahr, auch wenn wir es vielleicht als Menschen niemals werden beweisen können!*

Aber bitte lesen Sie doch selbst und machen Sie sich Ihr eigenes Bild davon, was für Sie glaubwürdig ist und was nicht. Ich habe versucht, einige repräsentative Leserzuschriften auszuwählen – sowohl solche mit Zustimmung als auch solche mit Kritik. Ganz besonders freue ich mich natürlich, dass sich inzwischen auch Geistliche (ein Erzbistum, ein Ordensmann, ein Pfarrer) an Lucys Diskussion aktiv beteiligen. Auffällig ist hingegen, dass sich meine naturwissenschaftlichen Kollegen eher in Zurückhaltung üben. Die sich jetzt anschließende Wiedergabe erfolgt chronologisch und (bis auf das erste Zitat) in anonymer Form.

»Gegen den Mainstream«

Das ist wirklich starkes Material. Gerade in einer Zeit, wo Menschen für Gott – oder was sie dafür halten – in den Tod gehen, Familienmitglieder ermorden, Anschläge verüben, ist eine Versachlichung des Themas *Leben nach dem Tod* ein gesellschaftlich wertvoller Beitrag!

Gratulation für das mutige und bewegende Buch. Ich möchte Sie ermuntern, sich mit Ihrer Courage weiterhin der Sterbeforschung anzunehmen. Aus der eigenen Erfahrung weiß ich als Fernsehjournalist, dass es sehr viel Mut erfordert, auch öffentlich gegen den Mainstream zu schwimmen. Ich persönlich halte Ihre Analyse für einen wichtigen Schritt in der deutschsprachigen Literatur, nachdem die Fronten zwischen den Befürwortern von Moody, Kübler-Ross etc. und den Kritikern der Seriosität von Nahtoderfahrungen in den letzten Jahren wenig Bewegung gezeigt haben. Besonders einfühlsam fand ich, dass Sie an das Ende des Buches eine Kontaktadresse gesetzt haben. Ich denke, dass viele Menschen nach der Lektüre nicht alleine gelassen werden möchten. Das gilt besonders für labile Gemüter.

Dr. Rainer Fromm

»Bescheidenheit«

Hallo Lucy, meine Hochachtung vor dir und deinem Werk. Keine Argumentation hat mich je so überzeugen können wie die deine. Du gehst den vielversprechenden Weg, die Erkenntnisse verschiedenster Fachgebiete über die Wurzeln des Lebens zu vereinen. Ein Wissen, das Millionen von Menschen sich erarbeitet haben.

Hochkarätige Kaliber deines Formats werden heute allzu gerne in die Esoterik-Ecke gesteckt, um sie mundtot zu machen. Wer derartige Gerüchte in die Welt setzt, bedient sich mittelalterlicher Praktiken und hat den Geist der Zeit nicht erkannt. Auch Galilei wurden viele Steine in den Weg gelegt, aber dennoch hat er mit seinem Denken alle seine Widersacher überlebt. Aus dem einfachen Grund, weil er recht hatte. Deine Position, liebe Lucy, erinnert mich sehr an die Galileis. Auch du bist mit deinen innovativen Gedanken deiner Zeit voraus. Wir befinden uns zwar Gott sei Dank nicht mehr im Mittelalter, aber auch heutzutage werden unbequeme Querdenker – eben weil anders denkend – immer noch zu Unrecht an den Rand gedrängt.

Wollen wir doch sehr hoffen, dass du nicht als das naturwissenschaftliche Pendant zu Küng oder Drewermann in die Geschichte eingehen wirst, sondern dass die, die dich dazu abstempeln könnten, wenigstens eines aus der Vergangenheit gelernt haben: Toleranz. Denn andernfalls erkennen sie nicht den feinen Charakterzug, der erst deine wahre Größe ausmacht: deine Bescheidenheit. Du argumentiert sachlich und in keinster Weise überheblich oder missionierend. Also ganz im Gegensatz zu so manch anmaßendem Versuch, die gesamte Welt mit nur einer Wissenschaft oder mit nur einer Religion allein erklären zu können.

Ich bin überzeugt davon, dass du – ohne es vielleicht zu ahnen – einen wichtigen Schlüssel gefunden hast, um der Menschheit eine Tür zu öffnen.

Thomas L.

»Mächtig beeindruckt«

Glückwunsch zu Ihrem Werk *Lucy mit c* und wie Sie es hinkriegen, die komplexe spezielle Relativitätstheorie ohne jede Formel dem »Mann von der Straße« nahezubringen. Ich habe das Buch gerade zu Ende gelesen und erlaube mir, Ihnen zu schreiben. Als Agnostiker wurde ich

zwar nicht von Ihrer Theorie überzeugt, trotzdem hat mich der Versuch, Theologie und Naturwissenschaften in Einklang zu bringen, mächtig beeindruckt. Wenn es denn jemals eine fundierte Erklärung dafür geben sollte, wie die Seele ins Jenseits kommt, so ist es sicher die Ihre, welche am wahrscheinlichsten erscheint.

Gilbert D. aus Luxemburg

»Vielen Zeitgenossen zugänglich machen«
Liebe Lucy, ich lese gerade deinen Roman und fliege mit dir durch Raum und Zeit. Von Seite zu Seite wächst dabei meine Überzeugung, dass deine Gedanken möglichst vielen Zeitgenossen zugänglich gemacht werden sollten. Ich bin in der allgemeinen Erwachsenenbildung eines Erzbistums tätig: Wäre es möglich, dich zu einem Wochenendseminar einzuladen, damit du uns von deinen Erfahrungen erzählen kannst … Es wäre schön, wenn's klappen würde. Ob ich gelegentlich von dir höre? Und bitte entschuldige mich bei deinem Professor wegen der Duzerei. Aber der Stil deines Romans hat mich dazu verleitet.

Horst L.

»Ergänzung für den Religionsunterricht«
Zufällig bin ich beim Zappen auf Ihr Interview mit Frank Elstner in der Talkshow *Menschen der Woche* gestoßen. Weil ich ein Sucher und nicht leichtgläubig bin, hat mich Ihr Buch sehr interessiert. Sofort wurde ich neugierig. Da ich einen sehr guten Freund habe, der einen außerordentlichen Draht in den geistigen Bereich hat, ging ich mit entsprechender Sorgfalt an die Lektüre. Ihr Werk ist nicht nur sehr verständlich, sondern für mich auch absolut einleuchtend geschrieben. Ganz abgesehen davon, dass ich im Bereich Physik einiges dazugelernt habe. Gelernt? Ist das Lernen nach Ihrer Theorie nicht ein »Erinnern an bereits Gewusstes«? Die Lektüre würde ich jedem, vor allem auch den Theologen, empfehlen und auch den Schülern an den Gymnasien. Ihre Darlegungen können mehr bewirken als viele »Worte zum Sonntag«. Das Buch empfiehlt sich auch als eine gute Ergänzung für den Religionsunterricht.

Josef D.

»Philosoph der Gegenwart«

Liebe Lucy! Kürzlich las ich im Internet die folgende Rezension über dein Buch, der ich mich gerne anschließen möchte: »Glaubwürdiger lassen sich Hinweise auf ein Jenseits in modernen Bildern und einer modernen Sprache kaum darstellen. Dieses Buch hält, was es verspricht: Dem Autor gelingt ein versöhnlicher Brückenschlag zwischen Naturwissenschaft und Religion. Ein hochrangiger Philosoph der Gegenwart gibt sein Debüt!«

Willy B. aus der Schweiz

»Als Ordensmann«

Ihre sehr interessante Unterhaltung mit Herrn Frank Elstner im SWR über Ihren Wissenschaftsroman *Lucy mit c* hat mich veranlasst, mir dieses Buch zu kaufen und die neuen wissenschaftlichen Indizien über das Leben nach dem Tod zur Kenntnis zu nehmen. Als Ordensmann habe ich, um auch als Priester tätig sein zu können, Philosophie und Theologie studiert. Die Beschäftigung mit der Heiligen Schrift weckte mein Interesse an dem, was die Welt im Innersten zusammenhält. Auch große Offenbarungswerke fielen mir rechtzeitig in die Hände, erweiterten meinen Horizont und ließen mich Schöpfungszusammenhänge – zunächst auf den Menschen bezogen – erkennen. Ihr Buch reizt mich, meine Definition von »Geist« zu formulieren und Ihnen zu schicken, wenn es Ihnen genehm ist.

Pater G.

»Einladung ins Pfarrhaus«

Ihr Buch *Lucy mit c* habe ich fast mit Lichtgeschwindigkeit gelesen; es war eine freudige Überraschung, denn Sie vertreten darin Hypothesen, die ich schon lange durchdenke und in Osterpredigten und bei Beerdigungen (aber nur schüchtern) anklingen ließ. Nachdem Sie als Wissenschaftler diese Hypothesen bestätigen, beflügelt es mich, sie jetzt deutlicher auszusprechen, denn das Wesen einer jeden Predigt liegt darin, biblische Texte mit neuesten Erkenntnissen zu konfrontieren … Über eine Begegnung mit Ihnen und einem Gespräch würde ich mich sehr freuen. Entspannen Sie sich bei mir im Pfarrgarten.

Gerhard L.

»Verblüffend, fast eine Offenbarung«

Verblüffend, die Zusammenführung von Physik und Religion, insbesondere die Deutung religiöser Begriffe und ihrer Übertragung in die Welt der Physik bzw. umgekehrt, fast eine Offenbarung. Vor allem sehr verständlich beschrieben ... Dein Buch gibt Mut und könnte helfen, Vernunft auf Erden zu bringen. Soweit mein Dank, dass es Bücher wie dieses gibt. Gruß und Hoffnung, dass es weitere Raumschiffreisen mit dir geben wird.

Jürgen P.

»Aber bitte ohne mich«

Ein Freund gab mir vor einiger Zeit Ihr Buch in die Hand. Von selbst wäre ich sicher nicht auf die Idee gekommen, es zu lesen. Selten hat mich eine Lektüre mehr erbost ... Mit Frau Kübler-Ross habe ich mich bereits vor 20 Jahren befasst. Schon damals schienen mir ihre Ausführungen sehr suspekt, da sehr einseitig ... Es tut mir leid, dass ich Ihnen nichts Positives zu Ihrem Buch sagen kann, als dass es vielleicht gut gemeint war. Vermutlich sind Sie jetzt nicht mehr besonders gut auf mich zu sprechen. Trotzdem wünsche ich Ihnen weiterhin einen guten Flug ins Reich der Phantasie und meinetwegen auch Spaß dabei, aber bitte ohne mich.

Marie-Louise O.

»Unklug«

Es ist unglaublich, dass Ihnen Rudolf Steiners Anthroposophie nicht bekannt sein kann! Für mich war deshalb die Kernaussage »Leben nach dem Tod« nur kalter Kaffee, andererseits Ihre naturwissenschaftlichen Erklärungen ein echter Gewinn. Rudolf Steiner heute noch totzuschweigen ist unklug. Der sozialen Hygiene wegen.

Peter A.

»Mutig«

Liebe Lucy, dein Buch ist wirklich ganz wunderbar und so tröstend und Mut machend für viele Menschen! Danke. Ich kann viel damit anfangen, da ich als Therapeut immer wieder mit Menschen in Grenzsituationen zu tun habe. Moodys Bücher sind mir seit langem bekannt, doch die Beziehung zur Relativitätstheorie ist sofort einleuchtend und

kann die naturwissenschaftlich orientierten Skeptiker zumindest nachdenklich machen.

Dein Schöpfer ist ein mutiger Mensch, der offenbar keine Angst vor akademischer Herabsetzung hat, wie es doch unerbittlicher Brauch ist, wenn man sich heute auf den Bereich der »Para-Wissenschaften« einlässt. Die derzeitige materialistische Wissenschaftsauffassung an den Universitäten ist derart dominierend, dass es äußerst selten ist, als Andersdenkender mit »unpassenden« Beobachtungen von den Vertretern des Mainstreams gehört und gewürdigt zu werden. Die Romanform ist ein guter Schutz gegen dieses einseitige Vorgehen. Trotzdem ist sicherlich ein Risiko dabei, was allerdings relativ ist, wie Lucy wohl bemerken würde. Daher nochmals mein tiefer Ausdruck über den Mut zu diesem Wagnis. Diese Haltung zeichnet einen wahren Wissenschaftler aus, der Mensch sein kann und als solcher nicht der Vermessenheit der wissenschaftlichen Hybris zum Opfer fällt.

Rüdiger M.

»Ergebnis eines Buches«
Beeindruckend, Ihr Buch! Allgemein gesehen hat es dazu geführt, dass die Angst vor dem Sterben geringer wird und man sogar neugierig werden kann auf das, was da kommt. Kein schlechtes Ergebnis eines Buches.

Michael P.

»Weshalb ist man da nicht schon früher draufgekommen?«
Mit großem Interesse habe ich Ihr Buch *Lucy mit c* gelesen und war beeindruckt, mit welcher Klarheit sich viele Dinge zusammenfügen lassen, indem man die zentrale Hypothese von der Beschleunigung der Seele auf Lichtgeschwindigkeit annimmt. Ich war insbesondere deshalb sehr positiv angetan, da ich als Physiker von Natur aus schon immer nach gewissen methodischen Ansätzen gesucht habe, die Religion und Wissenschaft irgendwie zu vereinen. Vor ca. 15 Jahren habe ich sehr intensiv einige Literatur gewälzt (angefangen von Heisenberg über Dürr bis hin zu Capra), aber nie eine auch nur ansatzweise zu erkennende Übereinstimmung gefunden. Schließlich habe ich aufgegeben. Ihr Buch hat mich hierin tatsächlich qualitativ weitergebracht. Nach – oder schon bei – dessen Lektüre erscheinen Ihre Gedanken-

gänge und Schlussfolgerungen so einleuchtend, dass ich mich gefragt habe, weshalb man da nicht schon früher draufgekommen ist (wie es halt in der Naturwissenschaft meistens ist, wenn man glaubt zu wissen, wie es geht).

Roland Z.

»Evangelium der Neuzeit«

Wenn es jemals so etwas gibt wie ein Evangelium der Neuzeit, dann ist es dieses Buch. Keine Esoterik, keine Ersatzreligion, keine Hetzschrift, sondern sachlich und verständlich geschrieben in Ehrfurcht vor Gott und der Schöpfung. Lucy spricht alle Menschen an und dies unabhängig von ihrer religiösen Einstellung. Selbst Ungläubigen öffnet sich ein traditionsfreier, neuer Zugang zum Ursprung des Lebens, weil sich das Buch an Erkenntnissen der modernen Naturwissenschaft orientiert.

Aber das wichtigste Gütezeichen dieses Werkes ist so simpel, dass es sehr leicht übersehen werden könnte, zumal es heute in der Diskussion von Glaubensfragen keineswegs mehr selbstverständlich ist: Lucy missioniert nicht, sondern sie bittet ihre Leser ausdrücklich, sich ein eigenes Urteil zu bilden. Insofern ist sie sogar den großen Weltreligionen einen riesigen Schritt voraus.

Susanne M.

»Erfrischend und cool«

Lieber geistiger (und geistreicher) Papa von Lucy. Kompliment, dein Buch ist genauso erfrischend wie das Interview bei Frank Elstner! Und ebenso alle meine Hochachtung davor, dass du trotz des teils heimlichen, teils offenen Gespötts diverser akademischer Spitzenleute den Mut fandest, Dich mit Deiner Hypothese zu »outen«! Deine diplomatische Vorsicht, die kritischen Berufskollegen so wenig wie möglich mit unbelegbaren Phantasiebehauptungen zu provozieren, finde ich einfach »cool«.

Conny E.

»Unspektakulär und nüchtern, aber sensationell«

Das Buch kommt unspektakulär und nüchtern daher, obwohl die Gedankengänge und Schlussfolgerungen neu und eigentlich wirklich sensationell sind. Wirkt es nur auf mich so, weil ich nicht versuche, die Welt gänzlich mit meinem Verstand zu erklären? Jeder axiomatische Ansatz steht und fällt mit der Bereitschaft, das zugrundeliegende Axiom zu akzeptieren. Der Naturwissenschaftler wird Beweise für eine masselose Seele (Bewusstsein) fordern. Könnte ich ihm die bieten? Nein, jedenfalls nicht auf der ihm vertrauten Ebene des Denkens.

Trotzdem würde ich ihm ein Experiment vorschlagen, das aber sehr mühsam, meist sogar frustrierend ist und in der Regel kein schnelles Ergebnis bringt: Meditation. Wenn unser Denken zur Ruhe kommt, kann sich in dieser Stille ein Tor öffnen zu einer tieferen Erkenntnisebene. Ich habe dabei die Erfahrung gemacht, dass sich die Körperwahrnehmung ins Grenzenlose ausdehnen kann bis zum völligen Verschwinden; und dann nur noch ein nicht beschreibbares klares Bewusstsein da ist – ohne Raum und Zeit. Diese Erfahrung ist so über jeden Zweifel erhaben, dass man niemals mehr den Drang verspürt, mit irgend jemand darüber zu diskutieren, ob es ein vom Körper unabhängiges Bewusstsein gibt.

Dieter W.

Der letzte Satz gibt exakt das Gespür wieder, was mich an den Nahtoderfahrenen am meisten fasziniert. Diese Menschen haben etwas erlebt, was eine Halluzination niemals bewirken könnte: Sie glauben nicht mehr. Sie wissen! Sie wissen, dass es ein Leben nach dem Tod gibt, und sie sind überhaupt nicht bereit, auch *nur einen Deut* darüber zu diskutieren. Nirgendwo sonst in meinem Leben bin ich Menschen begegnet, welche eine so tiefe Gewissheit ausstrahlen.

Mit diesen wunderschönen Anregungen und Kommentaren möchte auch ich mich persönlich von Ihnen verabschieden. Nach unserer Hauptdarstellerin geht nun ein Autor von der Bühne, der sich selbst über jedes passende Puzzleteil wie ein Kind riesig gefreut hat. Am meisten wünsche ich mir, dass unsere Lucy Sie tatsächlich inspirieren konnte, Ihr bisheriges Weltbild konstruktiv zu hinterfragen. Bitte tun Sie uns einen Gefallen und werfen Sie nach der Lektüre des Anhangs auch noch einen Blick auf die letzten beiden Seiten dieses Buches.

Ihr Markolf H. Niemz

Der Anhang

Ein Kommentar

Sämtliche Fotos zum Searchlight-Effekt wurden freundlicherweise von Priv.-Doz. Dr. Hans-Peter Nollert und Prof. Dr. Hanns Ruder vom Institut für Theoretische Astrophysik an der Universität Tübingen berechnet. Sie haben mich gebeten, auch einen Kommentar zu Lucys Gedanken abgeben zu dürfen. Dieser Bitte möchte ich aus Gründen maximaler Objektivität nachfolgend gerne entsprechen. Jedoch will ich zuvor auf einen wichtigen Punkt hinweisen: Der gesamte Kommentar basiert darauf, dass sich die Seele »wie ein physikalisch beschreibbares Objekt verhält«.

Daher fällt dieser Kommentar recht kritisch aus – und er muss es auch, denn er ist einzig und allein vom physikalischen Standpunkt aus verfasst. Mit Physik allein lässt sich aber Lucys Weltbild gar nicht nachvollziehen, eben weil sich die Seele **nicht** in das Schema der heutigen Physik pressen lässt. Erst eine interdisziplinäre Betrachtungsweise, basierend auf Physik, Sterbeforschung und Theologie, verleiht Lucys Gedanken einen tieferen Sinn und lässt uns Zusammenhänge erkennen, die wir mit Physik allein vielleicht niemals werden verstehen können.

Kommentar von Priv.-Doz. Dr. Hans-Peter Nollert und Prof. Dr. Hanns Ruder:
Hier melden sich nun zwei Skeptiker zu Wort, zwei veritable Vertreter der sogenannten »harten« Wissenschaft. Du fragst dich, weshalb wir uns dazu berufen fühlen, zu diesem Buch unseren Senf dazuzugeben? Nun, wir haben die Bilder zum Searchlight-Effekt berechnet, die du in diesem Buch findest, und haben sie Lucy für den Abdruck gegeben. Wir möchten dir daher einen Eindruck geben, welche Schlüsse wir aus diesen Bildern ziehen und ob diese mit Lucys Ideen übereinstimmen. In diesem Buch beschäftigt sich Lucys Autor hauptsächlich mit spirituellen Konsequenzen dieser Idee. Wir wollen sie aus der anderen Richtung betrachten, eben aus der Richtung der Physik: Steht diese Spekulation eher im Einklang oder eher im Widerspruch zu gesicherten wissenschaftlichen Erkenntnissen?
Man sagt uns Wissenschaftlern ja gerne nach, wir seien ein wenig engstirnig und sähen es gar nicht gerne, wenn jemand die Ergebnisse unserer Arbeit ganz anders interpretiert, als wir dies tun, und daraus ganz andere Schlüsse zieht. In der Tat, mit ihren Ideen begibt sich Lucy auf ein Territorium, das uns Physikern eher ungewohnt vorkommt. Wir wollen uns nun aber nicht einfach in ein vermeintlich sicheres, abgeschottetes Gedankengebäude verschanzen. Wir möchten dir erzählen, was wir über das Thema dieses Buches denken, und versuchen, dir unsere Gründe dafür verständlich zu machen. Du magst dann selbst entscheiden, ob du dich Lucy anschließen und auf ihre Gedankengänge vertrauen möchtest, oder ob dir unsere Anmerkungen überzeugender erscheinen und du mit uns eher ein wenig skeptische Distanz halten möchtest.
In der Wissenschaft geht es recht streng zu: Eine Theorie muss sehr präzise und unmissverständlich formuliert werden; dies geschieht meist mit Hilfe komplizierter Mathematik. Sie muss Ergebnisse liefern, die überprüfbar sind, die man also in Expe-

rimenten nachmessen kann. Man wird dann versuchen, möglichst viele Experimente zu machen, mit denen man die Theorie – nein, nicht bestätigen, sondern widerlegen möchte! Klingt gemein, oder? Erst wenn eine Theorie viele solcher Angriffe unbeschadet überstanden hat, dann geben die skeptischen Wissenschaftler auf und vertrauen darauf, dass die Theorie stimmt.

Eine solche Theorie steht also immer am Ende eines langen, schwierigen Prozesses. Genau das macht aber auch ihre Vertrauenswürdigkeit aus. Was aber steht am Anfang einer neuen Idee, einer revolutionären wissenschaftlichen Theorie? Nun, auch Physiker sind Menschen, und um zu neuen Ideen zu kommen, lassen sie ihre Fantasie ins Kraut schießen und spekulieren munter drauflos. Der Begriff »spekulieren« hat hier nichts Negatives; es heißt einfach, dass man sich ganz unbefangen die Frage stellt: »Was wäre, wenn …?« Dabei bleibt es es aber nicht: Die Gedankengänge, die sich dabei entwickeln, müssen mit bekannten physikalischen Gesetzen verglichen werden, müssen darauf abgeklopft werden, ob sie ungelöste Fragen beantworten, und schließlich müssen sie in dem beschriebenen formalen Prozess ausgearbeitet und überprüft werden.

So hat sich etwa Einstein gefragt: »Was wäre, wenn das Licht gar keinen Äther braucht, um sich durch den Raum zu bewegen, weil es gar keine mechanische Erscheinung ist?«, und am Ende hat er damit eine neue Theorie geschaffen, die viele der schwierigsten Fragen in der Physik zu seiner Zeit gelöst hat. Die Idee, die Spekulation alleine, ist aber wirklich nur der allererste Schritt auf diesem langen Weg. Es ist natürlich auch erlaubt, sich Ergebnisse physikalischer Forschung einfach nur anzuschauen und sich davon zu Ideen inspirieren zu lassen, die mit der dahinterstehenden Physik gar nichts mehr zu tun haben und die vielleicht in eine ganz andere Richtung zielen.

Wir finden es also wichtig, dass immer klar ist, ob man gerade von physikalischen Erkenntnissen und Theorien spricht oder ob man solche Erkenntnisse in ganz anderer Weise weiterentwickelt und sich dabei auf Gebiete begibt, die außerhalb des Geltungsbereichs der Physik liegen.

Lucys Autor möchte Physik und Nicht-Physik verknüpfen. Er stellt uns ein Axiom vor, das sich auch auf Konzepte aus der Physik stützt. Er möchte uns zeigen, dass die Physik Indizien liefert, die für sein Axiom sprechen. Diesen Ansatz finden wir sehr spannend. Wir halten ihn aber nur für sinnvoll, wenn wir davon ausgehen können, dass die Seele sich in irgendeiner Weise wie ein physikalisch beschreibbares Objekt verhält, ähnlich wie etwa ein Elektron oder ein Lichtstrahl – zwar mit anderen Eigenschaften, aber genauso den physikalischen Gesetzen unterworfen. Wenn eine solche Seele sich nach dem Tod sehr schnell vom Körper wegbewegen würde, dann könnte die Welt sich ihr so präsentieren, wie wir dies in unseren Simulationen für fast lichtschnelle Bewegung ausgerechnet haben. Inspiriert ist diese Idee durch die Ähnlichkeit unserer Bilder mit dem, was Menschen beschreiben, die Nahtoderfahrungen gehabt haben.

Wir Physiker nehmen unsere Arbeit sehr genau. Wenn wir also Bilder rechnen, dann fragen wir uns erst einmal: Wie kommt überhaupt ein Bild im Auge oder in einer Kamera zustande? Darüber weiß man sehr gut Bescheid, und so können wir die Bilder genau so berechnen, wie sie vom Auge wahrgenommen oder von einer Kamera aufgenommen werden würden. Auf welche Art aber soll die Seele ein Bild wahrnehmen können – erst recht, wenn man sich die Seele als eine Kugelwelle vorstellt? Das konnte uns Lucy auch nicht verraten. Penibel, wie wir nun mal sind, halten wir also fest, dass unsere Bilder zwar genau so aussehen, als wenn sie mit einer sehr schnell bewegten Kamera aufgenommen worden wären – wir haben aber keine Ahnung, ob sie irgend etwas damit zu tun haben, was eine Seele bei sehr schneller Bewegung vielleicht sehen würde. Eigentlich können wir uns gar nicht recht vorstellen, wie eine körperlose Seele – so ganz ohne Augapfel, Netzhaut, Sehnerv und Sehzentrum im

Gehirn – überhaupt ein Bild erzeugen kann. Nun magst du einwenden, dass die Seele natürlich nicht solchen kleinlichen Einschränkungen unterliegt. Wenn dem aber so ist, wenn die Seele ganz unabhängig von materiellen Strukturen ein Bild wahrnehmen kann, dann geht das sicher nicht nur mit dem kleinen Ausschnitt der elektromagnetischen Strahlung, den unsere Augen sehen können. Dann sieht die Seele auch Infrarotstrahlung, Röntgenstrahlung, sogar Wärmestrahlung und Radiostrahlung in Form von Bildern. Und warum sollte sie auf elektromagnetische Strahlung begrenzt sein? Es gibt noch so viel zu sehen in der Natur: Neutrinos, andere Elementarteilchen, Gravitationsstrahlung … Das Bild, das sich einem böte, wäre kaum wiederzuerkennen! Selbst mit einer ganz gewöhnlichen Kamera oder einem normalen Auge sähe man die Welt aber nicht ganz so, wie es auf unseren Bildern in diesem Buch wiedergegeben ist. Außer dem Searchlight-Effekt schlägt nämlich auch der Dopplereffekt zu Buche und bewirkt eine starke Verschiebung der Farben. Warum zeigen wir diesen Effekt nicht, wenn wir doch sonst alles so genau nehmen? Nun, um diesen Effekt richtig zu berechnen, brauchen wir umfangreiche Daten über das Strahlungsverhalten der dargestellten Objekte, vor allem auch aus Bereichen des Spektrums, die normalerweise nicht sichtbar sind und von üblichen Kameras nicht aufgenommen werden. Solche Daten sind meist nicht verfügbar. Da wir die fehlenden Daten nicht »hinzuerfinden« wollen, lassen wir den Dopplereffekt lieber ganz weg und sagen unseren Lesern, warum wir dies tun. Der helle Fleck, der durch den Searchlight-Effekt hervorgerufen wird, liegt übrigens immer in Bewegungsrichtung nach vorne, nicht seitlich. Es entsteht also in etwa der Eindruck wie bei einer Bewegung genau auf eine helle Lichtquelle zu, aber nicht wie bei einem hellen Tunnel, durch den man sich hindurchbewegt. Auch wenn man sich auf die scheinbare Lichtquelle zubewegt, wird man nie eine Quelle dieser Helligkeit erreichen – eine solche Quelle gibt es nämlich gar nicht.
Die Lichtgeschwindigkeit stellt nicht nur eine Art universelles Geschwindigkeitslimit dar, das nicht überschritten werden kann. Sie kann von massebehafteten Objekten auch nie erreicht werden, egal, wie heftig und wie lange man sie »anschiebt«. Andererseits können sich masselose Erscheinungen, wie etwa das Licht, mit Lichtgeschwindigkeit bewegen. Der Preis dafür ist aber, dass solche Erscheinungen niemals langsamer als mit Lichtgeschwindigkeit unterwegs sein können – sie sind dazu verdonnert, unentwegt mit Höchstgeschwindigkeit drauofloszurasen! Merkwürdig, oder nicht? Aber die Natur ist nun einmal so eingerichtet! Das hat aber zur Folge, dass kein Objekt aus der Ruhe heraus bis auf Lichtgeschwindigkeit beschleunigt werden kann – auch die Seele nicht, wenn sie den heute bekannten Gesetzen der Physik unterliegt. Lucy betrachtet die Seele als masselos. Sie kann sich dann zwar mit Lichtgeschwindigkeit bewegen, aber eben niemals auch nur ein bisschen langsamer. Sie kann nie in Ruhe bleiben und sich also auch zu Lebzeiten nicht dauernd im Körper oder in seiner Nähe aufhalten. Entweder treibt sie sich bereits zu Lebzeiten mit Höchstgeschwindigkeit in der Weltgeschichte herum und überlässt den Körper sich selbst – eine seltsame Vorstellung, findest du nicht? Oder sie entsteht überhaupt erst im Augenblick des Todes, so wie etwa ein Photon beim Übergang eines Atoms von einem Zustand in einen anderen entstehen kann. Auch dann saust sie aber sofort mit Höchstgeschwindigkeit davon, keine Spur von einer allmählichen Beschleunigung. Und auch keine Spur mehr von Bildern, wie sie in diesem Buch zu sehen sind und wie sie von Menschen mit Nahtoderfahrungen berichtet werden – solche Bilder kommen nur bei Bewegungen zustande, die zwar sehr schnell sind, aber eben noch ein wenig langsamer als mit Lichtgeschwindigkeit.
Licht spielt übrigens weder in der Physik insgesamt noch in der Relativitätstheorie eine herausragende oder gar übergeordnete Rolle. In seinem Buch *Spezielle Relativitätstheorie* sagt Albert Einstein dazu: »Es ist der Relativitätstheorie oft vorgeworfen

worden, dass sie der Lichtfortpflanzung ungerechtfertigterweise eine zentrale theoretische Rolle zuweise, indem sie auf das Gesetz der Lichtfortpflanzung den Zeitbegriff gründe. Damit verhält es sich wie folgt. Um dem Zeitbegriff überhaupt physikalische Bedeutung zu geben, bedarf es der Benutzung irgendwelcher Vorgänge, welche Relationen zwischen verschiedenen Orten herstellen können. Welche Art von Vorgängen man für eine solche Zeitdefinition wählt, ist an sich gleichgültig. Man wird aber mit Vorteil für die Theorie nur einen solchen Vorgang wählen, von dem wir etwas Sicheres wissen. Dies gilt von der Lichtausbreitung im leeren Raume in höherem Maße als von allen anderen in Betracht kommenden Vorgängen – dank den Forschungen von Maxwell und H. A. Lorentz.« Raum und Zeit können also beispielsweise mit Hilfe von Licht ausgemessen werden, ihre Struktur existiert ansonsten aber völlig unabhängig von Lichtstrahlen.

Aus Sicht der Physik betrachtet, steht Lucys Axiom also auf recht wackligen Beinen. Das muss dich, lieber Leser, nicht davon abhalten, daran zu glauben – du wirst dich dabei aber auch auf deinen Glauben verlassen müssen und kannst nicht auf die Hilfestellung der Physik hoffen.

Soweit also der Kommentar von Priv.-Doz. Dr. Hans-Peter Nollert und Prof. Dr. Hanns Ruder aus Tübingen. Ich bin beiden Herren dankbar, dass sie sich Lucys Schreibstil weitgehend angepasst haben und uns verdeutlichen, wie Lucys Ideen vom Standpunkt der Physik aus betrachtet werden müssen. Allerdings gilt auch: Wer Lucys Gedanken nur physikalisch bewertet, muss zu solch einem nüchternen Ergebnis kommen, denn etwas anderes lässt die Physik nicht zu. Was aber, wenn Lucys Gedanken über die heute bekannte Physik hinausgehen? Ist es dann noch legitim, sie allein vom Standpunkt der Physik aus zu betrachten? Ich denke: nein! Die Musik von Johann Sebastian Bach ermöglicht uns einen schönen Vergleich: Jeder einzelne Ton einer gespielten Fuge lässt sich physikalisch exakt mit seiner Frequenz, seiner Dauer und seiner Lautstärke beschreiben. Aber die Ästhetik, die sich in der Abfolge der Töne versteckt, lässt sich physikalisch nicht begreifen. So, wie die Kommentatoren Lucys Gedanken bewerten durften, sei es auch mir jetzt erlaubt, kurz auf die wesentlichen Punkte des Kommentars einzugehen:

• Lucy legt in diesem Buch großen Wert darauf, stets deutlich zu machen, wo sie sich an Erkenntnissen der modernen Physik orientiert und wo nicht. Am Ende des *Experiments Nr. 2* gibt sie uns den wichtigen Hinweis, dass sie nun die naturwissenschaftlichen Zügel etwas lockern muss, damit gleichberechtigt zur Physik auch die Sterbeforschung und die Theologie zu Wort kommen können.

- Die Kommentatoren stellen insbesondere in Frage, dass eine masselose Seele physikalisch beschleunigen kann. Lucy erläutert uns ausführlich im Kapitel *Die Seele*, dass sie die Beschleunigung der Seele ausdrücklich *nicht* im Sinne Newtons auffasst, dem zufolge Beschleunigung nur für Massen definiert ist. Wenn die Seele aber masselos ist und sich der physikalischen Beschreibung entzieht, dann kann die Physik überhaupt keine Aussage darüber machen, ob sie beschleunigt werden kann oder nicht. Möglich wäre es! Sie könnte einfach immer schneller und schneller werden, bis sie Lichtgeschwindigkeit erreicht.

- Auf die Frage, wie eine Seele ohne Gehirn überhaupt wahrnehmen kann, hat Lucy eine einfache Antwort: Mit dem Eintauchen ins Licht – also nach ihrer Beschleunigung! – hört Zeit für die Seele auf zu existieren. Ohne Zeit ist aber auch keinerlei Wahrnehmung mehr möglich, denn Wahrnehmen ist ein zeitlicher Vorgang. Die Seele erlangt dabei einen Zustand, in dem sie alles weiß. Sie braucht dann folglich gar nichts mehr wahrzunehmen.

- Es ist richtig, dass der Searchlight-Effekt nicht eine Lichtquelle darstellt, der wir uns nähern könnten, sondern dass er nur die Bündelung von Lichtstrahlen beschreibt. Lucy behauptet aber auch gar nicht, dass Nahtoderfahrene in eine Licht*quelle* eingetaucht seien, wohl aber in ein Licht – nämlich all das Licht, das sich durch die Bündelung von Lichtstrahlen ergibt. Lucy geht davon aus, dass die Seele eins wird mit allem Licht dieser Welt.

- Licht spielt sehr wohl eine ausgezeichnete Rolle in der Physik. Lucy hat uns in diesem Buch erläutert, dass die Lichtgeschwindigkeit im Rahmen der Physik die *einzige* absolute Geschwindigkeit darstellt.

- Dem letzten Satz des Kommentars kann ich jedoch voll und ganz zustimmen: Ohne eine Portion Glauben geht es nicht. Lucys Weltbild lässt sich nicht allein mit der Physik verstehen. Sehr sympathisch an Lucys Axiom finde ich es, dass wir daran glauben können – völlig unabhängig davon, ob wir nun religiös sind oder nicht. Aber ein Axiom ist und bleibt eine Grundannahme, die nicht weiter hinterfragt werden kann. Entweder wir lehnen sie ab, oder wir glauben daran.

Die Spielkarten

Abbildungsverzeichnis

Bildnachweis

Die Spielfiguren

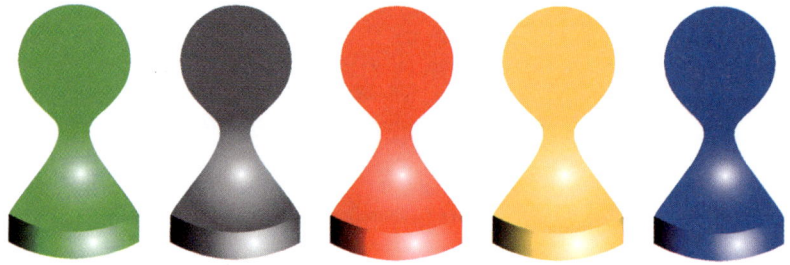

Literaturverzeichnis

1. A. Einstein (1905): *Zur Elektrodynamik bewegter Körper.* Annalen der Physik **17**, S. 891 und A. Einstein (1916): *Die Grundlage der allgemeinen Relativitätstheorie.* Annalen der Physik **49**, S. 769

2. A. Einstein (1905): *Ist die Trägheit eines Körpers von seinem Energieinhalt abhängig?* Annalen der Physik **18**, S. 639

3. J. Hafele, R. Keating (1972): *Around the world atomic clocks.* Science **177**, S. 166 und S. 168

4. F. W. Dyson, A. S. Eddington, C. Davidson (1920): *A determination of the deflection of light by the sun's gravitational field, from observations made at the total eclipse of May 29, 1919.* Philosophical Transactions of the Royal Society London **220A**, S. 291

5. W. Heisenberg (1984): *Physik und Philosophie.* S. Hirzel Verlag, S. 35

6. Ebda, S. 32

7. H. Ruder, H.-P. Nollert (2005): *Einsteins Holodeck.* Spektrum der Wissenschaft **7**, S. 56

8. K. Ring, E. Elsaesser-Valarino (1999): *Im Angesicht des Lichts.* Ariston Verlag, S. 299

9. M. Morse (1992): *Zum Licht.* Zweitausendeins Verlag, S. 44

10. M. Ramsauer (2006): Bonusmaterial zum Dokumentarfilm *Das Letzte was wir wissen.* Filmakademie Wien

11. K. Ring, E. Elsaesser-Valarino (1999): *Im Angesicht des Lichts.* Ariston Verlag, S. 28

12. M. Morse (1992): *Zum Licht.* Zweitausendeins Verlag, S. 179

13. G. Ewald (2006): *Nahtoderfahrungen.* Topos Verlag, S. 27

14. Ebda, S. 60

15. K. Ring, E. Elsaesser-Valarino (1999): *Im Angesicht des Lichts.* Ariston Verlag, S. 45

16. G. Ewald (2006): *Nahtoderfahrungen.* Topos Verlag, S. 59

17. M. Morse (1992): *Zum Licht.* Zweitausendeins Verlag, S. 163

18. H. Küng (2002): *Ewiges Leben?* Serie Piper, S. 29

19. Ebda, S. 35

20. Ebda, S. 36

21. K. Ring, E. Elsaesser-Valarino (1999): *Im Angesicht des Lichts.* Ariston Verlag, S. 62

22. Ebda, S. 63

23. Persönliche E-Mail von Irene

Die Spielfiguren

24. K. Ring, E. Elsaesser-Valarino (1999): *Im Angesicht des Lichts.* Ariston Verlag, S. 287

25. S. S. K. Maharaj (2001): *Yoga als universelle Wissenschaft.* E-Book auf http://www.yoga-vidya.de/Yoga--Buch/Wissenschaft/science18.htm

26. H.-P. Nollert, H. Ruder (2005): *Was Einstein gerne gesehen hätte.* Spektrum der Wissenschaft Spezial **3**, S. 15

27. F. Eckstein (1974): *Abriß der griechischen Philosophie.* Hirschgraben Verlag, S. 28

28. Ebda, S. 30

29. K. Ring, E. Elsaesser-Valarino (1999): *Im Angesicht des Lichts.* Ariston Verlag, S. 151

30. Ebda, S. 74

31. Persönliche E-Mail von Ina

32. Dalai Lama (2005): *Die Welt in einem einzigen Atom.* Theseus, S. 163

33. E. Schrödinger (1935): *Die gegenwärtige Situation in der Quantenmechanik.* Die Naturwissenschaften **23**, S. 807

34. M. Born (1969): *Albert Einstein – Max Born. Briefwechsel 1916–1955.* Nymphenburger Verlag

35. A. Einstein, B. Podolsky, N. Rosen (1935): *Can quantum-mechanical description of physical reality be considered complete?* Physical Review **47**, S. 777

36. A. Aspect, J. Dalibard, G. Roger (1982): *Experimental test of Bell's inequalities using time-varying analyzers.* Physical Review Letters **49**, S. 1804

37. W. Tittel, J. Brendel, H. Zbinden, N. Gisin (1998): *Violation of Bell inequalities by photons more than 10 km apart.* Physical Review Letters **81**, S. 3563

38. E. Hagley, X. Maitre, G. Nogues, C. Wunderlich, M. Brunc, J. M. Raimond, S. Haroche (1997): *Generation of Einstein-Podolsky-Rosen pairs of atoms.* Physical Review Letters **79**, S. 1

39. P. Walther, K. J. Resch, T. Rudolph, E. Schenck, H. Weinfurter, V. Vedral, M. Aspelmeyer, A. Zeilinger (2005): *Experimental one-way quantum omputing.* Nature **434**, S. 169 und C.-Y. Lu, X.-Q. Zhou, O. Gühne, W.-B. Gao, J. Zhang, Z.-S. Yuan, Goebel, T. Yang, J.-W. Pan (2007): *Experimental entanglement of six photons in graph states.* Nature Physics Online, doi: 10.1038

40. S. P. Walborn, P. H. S. Ribeiro, L. Davidovich, F. Mintert, A. Buchleitner (2006): *Experimental determination of entanglement with a single measurement.* Nature **440,** S. 1022

41. Frei übersetzt nach Platon: *Politeia* **VII,** 514a

42. K. Ring, E. Elsaesser-Valarino (1999): *Im Angesicht des Lichts.* Ariston Verlag, S. 296

43. G. Ewald (2006): *Nahtoderfahrungen.* Topos Verlag, S. 19

44. R. A. Moody (2004): *Leben nach dem Tod.* rororo Sachbuch, S. 110

45. M. Morse (1992): *Zum Licht.* Zweitausendeins Verlag

46. NASA Online Publikation (2003)

47. Die Bibel: *Johannes* 8,12

48. I. Kant (1781): *Kritik der reinen Vernunft.* Reclam Verlag

49. C. F. v. Weizsäcker (1985): *Aufbau der Physik.* Hanser Verlag, S. 24

50. R. A. Moody (2004): *Leben nach dem Tod.* rororo Sachbuch, S. 78

51. G. Lanzenberger (1991): *Schöpfung ist Evolution.* Info Verlag, S. 228

52. M. Schröter-Kunhardt (2006): *Unterweltfahrten als »near-death experiences«.* In: M. Herzog: *Höllen-Fahrten.* Kohlhammer Verlag

53. K. Ring, E. Elsaesser-Valarino (1999): *Im Angesicht des Lichts.* Ariston Verlag, S. 293

54. H. Hesse (1972): *Das Glasperlenspiel.* Suhrkamp Verlag, S. 12

55. F. v. Schiller (1793): *Über die ästhetische Erziehung des Menschen in einer Reihe von Briefen.* Reclam Verlag

56. M. Eigen, R. Winkler (1985): *Das Spiel.* Serie Piper, S. 19

57. K. Ring, E. Elsaesser-Valarino (1999): *Im Angesicht des Lichts.* Ariston Verlag, S. 289

58. Ebda, S. 290

59. Ebda, S. 300

60. M. Jammer (1995): *Einstein und die Religion.* Universitätsverlag Konstanz, S. 31

61. A. Einstein (1941): *Naturwissenschaft und Religion.* In: H.-P. Dürr (1988): Physik und Transzendenz. Scherz Verlag, S. 75

62. M. Planck (1937): *Religion und Naturwissenschaft.* In: H.-P. Dürr (1988): *Physik und Transzendenz.* Scherz Verlag, S. 37

63. W. Heisenberg (1973): *Der Teil und das Ganze.* dtv Deutscher Taschenbuch Verlag, S. 280

64. Ebda, S. 292

65. K. R. Popper (1980): *Die offene Gesellschaft und ihre Feinde (Band 2)*. UTB Francke Verlag, S. 20

66. S. Hawking (1988): *Eine kurze Geschichte der Zeit*. Rowohlt Verlag, S. 218

67. A. Zeilinger (2003): *Einsteins Schleier*. Verlag C. H. Beck

68. K. Barth (1957): *Kirchliche Dogmatik III/1*. Evangelischer Verlag, Vorwort

69. Fernsehübertragung einer Rede von Papst Benedikt XVI. am 10. September 2006 in München

70. R. A. Moody (2004): *Leben nach dem Tod*. Rowohlt Sachbuch, S. 38

71. Ebda, S. 39

72. K. Ring (1985): *Heading toward Omega*. Quill Press

73. R. A. Moody (2004): *Das Licht von drüben*. rororo Sachbuch, S. 185

74. H. Knoblauch (1999): *Berichte aus dem Jenseits*. Herder Verlag

75. J. Long: *How many NDEs occur in the United States every day?* Online Übersichtsartikel auf http://www.nderf.org/number_nde_usa.htm

76. S. Parnia, D. G. Waller, R. Yeates, P. Fenwick (2001): *A qualitative and quantitative study of the incidence, features and aetiology of near death experiences in cardiac arrest survivors*. Resuscitation **48**, S. 149

77. P. v. Lommel, R. v. Wees, V. Meyers, I. Elfferich (2001): *Near-death experience in survivors of cardiac arrest: A prospective study in the Netherlands*. Lancet **358**, S. 2039

78. S. Parnia, D. G. Waller, R. Yeates, P. Fenwick (2001): *A qualitative and quantitative study of the incidence, features and aetiology of near death experiences in cardiac arrest survivors*. Resuscitation **48**, S. 149 und P. v. Lommel, R. v. Wees, V. Meyers, I. Elfferich (2001): *Near-death experience in survivors of cardiac arrest: A prospective study in the Netherlands*. Lancet **358**, S. 2039

79. O. Blanke, S. Ortigue, T. Landis, M. Seeck (2002): *Neuropsychology: Stimulating illusory own-body perceptions*. Nature **419**, S. 269

80. M. H. Niemz (2005): *Lucy mit c – Mit Lichtgeschwindigkeit ins Jenseits*. Books on Demand Verlag

Lucy im Internet

Weitere Informationen zum Thema dieses Buches finden Sie auf einer eigens für Lucy eingerichteten Webseite:

www.Lucy-im-Licht.de

Dort befinden sich auch die folgenden Dateien zum freien Download:

- aktuelle **Termine** von Lucys Lesungen und Vorträgen,
- das **Poster** zum Spiel der Schöpfung (Abbildung 29),
- ein **Film** mit einer Simulation des Searchlight-Effekts,
- eine **Leseprobe** aus Lucy im Licht,
- das **Buchcover** von Lucy im Licht,
- zusätzliche Infos über den **Autor**.

Darüber hinaus haben Sie auf dieser Webseite die Möglichkeit, gemeinsam mit Lucy sowie anderen Leserinnen und Lesern eigene Fragen in einem **Forum** zu diskutieren.

Wenn Sie zusätzlich einen persönlichen **Kontakt** mit Lucy aufnehmen wollen, sind Sie herzlich eingeladen, ihr zu schreiben. Bitte haben Sie aber Verständnis dafür, dass Lucy bei sehr vielen, gleichzeitig gestellten Anfragen nicht immer individuell wird antworten können. Lucys E-Mail-Adresse lautet:

Lucy@Lucy-im-Licht.de

Lucys Kinder

Mit dem bisherigen Erlös seiner beiden Bücher *Lucy mit c* und *Lucy im Licht* hat der Autor die Stiftung **Lucys Kinder** gegründet. Ziel dieser Stiftung ist es, Lucys Erkenntnis in ganz konkrete Taten umzusetzen: Kindern aus den ärmsten Ländern dieser Welt soll es ermöglicht werden, die Bedeutung von Liebe zu erfahren und Wissen zu erwerben. Durch die Verbesserung ihrer Lebensbedingungen, durch die Stärkung ihrer Familien und durch die Gründung vieler neuer Schulen. Geförderte Projekte werden auf der Webseite *www.Lucys-Kinder.de* vorgestellt.

»Wenn wir gebeten werden, unsere eigene Grabesrede zu schreiben, welche Taten aus unserem Leben sollen die Mitmenschen erfahren? Taten, die wir zum eigenen Vorteil vollbracht haben? Oder Taten zum Nutzen anderer?«

Präambel der Stiftungssatzung

Diese ungewöhnliche Präambel soll eines verdeutlichen: Es geht Lucy nicht in erster Linie darum, uns Hoffnung auf ein ewiges Leben zu machen. Sie will, dass wir Verantwortung übernehmen, indem wir unsere Zeit im Diesseits nutzen – für Taten zum Nutzen anderer!

Lucys Kinder ist eine treuhänderische Stiftung unter dem Dach der rechtsfähigen *Stiftung Kinderfonds,* der größten deutschen Dachstiftung für notleidende Kinder und Jugendliche. Die sehr niedrigen Verwaltungskosten werden durch Zinsen des Stiftungskapitals gedeckt. Alle Spenden fließen zu 100 Prozent in die Hilfsprojekte.

Lucys Kinder ist unter der Steuernummer 143 / 235 / 76239 beim Finanzamt München für Körperschaften als gemeinnützig und mildtätig anerkannt (Bescheid vom 30. Mai 2007). Helfen auch Sie mit, Liebe und Wissen in unserer Welt zu vermehren. Jede Zustiftung und jede Spende ist herzlich willkommen! Spenden ist auch *online* möglich: *www.Lucys-Kinder.de.* Bei Spenden bis 100 Euro gilt der vereinfachte Spendennachweis. Ab 100 Euro wird eine Spendenquittung zugeschickt, wenn Sie im Verwendungszweck Ihre Adresse angeben.

Spendenkonto: Stiftung *Lucys Kinder*
Konto: 375 1440 144
Bank für Sozialwirtschaft
BLZ: 700 205 00